工程装备三维模型混合重构

何晓晖　储伟俊　等编著

（获取彩图）

U0342457

北　京

冶金工业出版社

2022

内 容 提 要

本书主要介绍工程装备三维模型混合重构的相关技术和具体方法。共分 11 章，全面介绍了从工程装备实物三维数据的获取到重构 CAD 模型全过程的实际应用方法。主要内容包括三维模型混合重构的相关概念、工程装备三维重构数据的获取、基于逆向工程软件的三维重构、NURBS 曲面重构、基于次对象变换的建模方法、模型的装配与剖切、粒子系统建模、基于特征的工程装备典型零件快速造型模块开发，以及模型的材质、贴图及渲染设计等。全书结构清晰，结合实例，注重实际应用。

本书可作为普通高等院校机械工程、逆向工程、CAD、虚拟仿真、动画设计等相关专业三维模型重构的教学用书，也可供相关领域的工程技术人员参考。

图书在版编目（CIP）数据

工程装备三维模型混合重构/何晓晖等编著. —北京：冶金工业出版社，2022.4

ISBN 978-7-5024-9071-3

Ⅰ.①工… Ⅱ.①何… Ⅲ.①工程设备—系统建模 Ⅳ.①TB4

中国版本图书馆 CIP 数据核字（2022）第 034084 号

工程装备三维模型混合重构

出版发行	冶金工业出版社	**电　话**	（010）64027926
地　址	北京市东城区嵩祝院北巷 39 号	**邮　编**	100009
网　址	www. mip1953. com	**电子信箱**	service@ mip1953. com

责任编辑 王悦青 程志宏 **美术编辑** 彭子赫 **版式设计** 郑小利
责任校对 窦 唯 **责任印制** 禹 蕊
三河市双峰印刷装订有限公司印刷
2022 年 4 月第 1 版，2022 年 4 月第 1 次印刷
710mm×1000mm 1/16；15 印张；292 千字；230 页
定价 79.00 元

投稿电话 （010）64027932 投稿信箱 tougao@cnmip.com.cn
营销中心电话 （010）64044283
冶金工业出版社天猫旗舰店 yjgycbs.tmall.com
（本书如有印装质量问题，本社营销中心负责退换）

前　　言

发展和运用"工程装备结构图册""工程装备三维模型挂图""多媒体训练软件""虚拟（维修）训练系统"以及"仿真系统"等手段，是提高装备技术保障水平的重要途径，可以节省费用，减少损耗，不受气候、地形等自然条件限制，缩短装备技术保障周期，全面把握不同技术保障方式在实际对抗中的可行性，使保障更具全局性、更贴近实战。而工程装备三维模型是这些手段的重要基体，也是生成"逼真"系统的核心因素，工程装备三维模型的重构则是构建基体的关键技术之一。如果能顺利完成工程装备三维模型的重构，无疑对后续开发将起到事半功倍的效果。

工程装备三维模型混合重构是在三维测绘的基础上，通过正、逆向工程软件的应用再现装备数字化 CAD 模型的过程。本书根据工程装备三维模型重构的基础路线，以三维测量、数据处理、三维重构、模型变换、编辑输出为主线，加强知识点之间的联系，兼顾多种实用性方法与经验，结合构成工程装备三维模型混合重构方法。全书共分 11 章，全面介绍了从工程装备实物三维数据的获取到重构 CAD 模型全过程的实际应用方法。主要内容包括三维模型混合重构的相关概念、工程装备三维重构数据的获取、基于逆向工程软件的三维重构、NURBS 曲面重构、基于次对象变换的建模方法、模型的装配与剖切、粒子系统建模、基于特征的工程装备典型零件快速造型模块开发、以及模型的材质、贴图及渲染设计等。全书结构清晰，结合实例，注重实际应用。

本书既可作为普通高等院校机械工程、逆向工程、CAD、虚拟仿真、动画设计等相关专业三维模型重构的教学用书，也可供相关领域的工程技术人员参考。

　　本书的编写工作得到了杭州思看科技公司提供的支持，并参考了相关技术文献资料，在此一并表示感谢。

　　本书由陆军工程大学何晓晖、储伟俊、李星新、代菊英、周春华、顾亚娟、刘晓亮、刘晴、张详坡、薛金红以及 32228 部队杜毛强、32671 部队孙翔宇、73670 部队解宇龙等人员编著。由于编者水平所限，错误和不足之处恳请批评指正。

编著者

2021 年 11 月

目　　录

第 1 章 绪 论

1.1 逆向建模

1.1.1 工程装备逆向建模需求

随着科技的发展，越来越多的高新技术应用于工程装备中，这些高新技术工程装备的广泛运用对军队的战法、训练和技术保障都产生了重大的影响。

大量列装的新型工程装备具有行驶速度快、作业效率高、可伴随部队机动以及可承受作业环境恶劣等特点。这些机型造价高、科技含量高、系统结构复杂，同时对作业人员和维护人员的训练提出了更高的要求，使其日常使用与维护变得复杂。这就要求相关人员维护必须进行必要的训练，以达到较熟练的程度。因此，培训难度越来越大，熟练掌握的周期越来越长，培训费用越来越高。显然，完全采取传统的实装训练方式已不能适应装备发展的需求，急需通过改进训练方法为传统训练做预先准备和提供有力支持，以提高训练质量、缩短训练周期、减少训练成本。

随着计算机技术的飞速发展，仿真技术、多媒体技术、虚拟技术以及逆向工程得到了长足进步，采取虚实一体化，可以很好地实现工程装备技术保障的"软着陆"。发展和运用"工程装备结构图册""工程装备三维模型挂图""多媒体训练软件""虚拟（维修）训练系统"以及"仿真系统"等手段，是提高装备技术保障水平的重要途径，可以节省费用，减少损耗，不受气候、地形等自然条件限制，缩短装备技术保障周期，全面把握不同技术保障方式在实际对抗中的可行性，使保障更具全局性、更贴近实战。而工程装备三维模型是这些手段的重要基体，也是生成"逼真"系统的核心因素，逆向建模则是构建基体的关键技术之一。如果能顺利完成工程装备三维模型的重构，无疑对后续开发起到事半功倍的效果。

1.1.2 工程装备逆向建模一般方法

逆向工程 CAD 建模的研究经历了以重构几何形状为目的的逆向工程 CAD 建模、基于特征的逆向工程 CAD 建模和支持产品创新设计的逆向工程 CAD 建模 3 个阶段。以现有产品为原型、还原产品的设计意图以及注重重建模型的再设计能力已成为当前逆向工程 CAD 建模研究的重点。

工程装备三维模型重构是主要面向工程装备培训多媒体、结构挂图及图册、虚拟训练系统等资源开发所进行的逆向建模，其用途区别于一般逆向工程中的快速加工与创新设计等。工程装备三维模型重构方法有自己的特点，对模型精度要求相对不高，没有加工公差及工艺信息等要求，主要侧重于结构形体的重建，可以通过大量的后期处理、渲染及动态设计来提高视觉真实感和表现效果。

狭义的工程装备逆向工程指的是实物逆向工程，即针对已有的工程装备的结构组成和几何形状的研究，运用三维测量仪器对产品进行结构数据采集，将所采集的数据通过逆向建模技术重构出工程装备的三维几何模型，并在此基础上研制开发工程装备结构图册、三维模型挂图、多媒体训练软件、虚拟训练系统等。

工程装备逆向建模一般可分为几个阶段。

（1）数据采集：利用三维测量设备结合传统机器测绘技术对工程装备零部件实物进行测量，得到其轮廓的三维数据。

（2）数据处理：在软件中对所得到的三维数据进行优化，包括对数据的简化、合并、平滑、分割、补洞、拼接和三角面片化等处理。

（3）模型重构：在优化得到的面片模型基础上，理解模型的原始设计意图，获取原始设计的相关参数，对形状规则的特征拟合出相应特征，对曲面特征进行曲面拟合，最终重构获得产品完整的 CAD 模型。

（4）模型的后处理：主要包括模型格式转换、模型的修改和变换处理、各系统及整机模型的装配、模型材质处理、模型在不同软件之间的导入与输出而进行格式装换等。

1.2 工程装备三维模型混合重构

1.2.1 工程装备结构特点及模型层次结构分析

工程装备种类很多，如多用途工程车、推土机、挖壕机、挖掘机等野战工程机械，平地机、装载机、铲运机、压路机、凿岩机等建筑机械，电站、工程起重机、各种工程修理车及各种运输车辆等保障机械。自行式工程机械按其行驶方式的不同可分为轮式和履带式两种。自行式工程机械虽然种类很多，结构形式各异，但基本上可以划分为动力装置（内燃机）、底盘和工作装置3大部分。

（1）动力装置：通常采用柴油机，其输出的动力经过底盘传动系传给行驶系使机械行驶，经过底盘的传动系或液压传动系统等传给工作装置使机械作业。

（2）底盘：接受动力装置发出的动力，使机械能够行驶或同时进行作业。底盘又是全机的基础，柴油机、工作装置、操纵系统及驾驶室等都安装在上面。通常底盘由传动系、行驶系、转向系和制动系组成。

1) 传动系是将发动机输出的动力传给驱动轮，并将动力适时加以变化，使其适应各种工况下机械行驶或作业的需要。轮式机械传动系主要由主离合器（变矩器）、变速器、万向传动装置、主传动装置、差速器及轮边减速器等组成。履带式机械传动系主要由主离合器、变速器、中央传动装置、转向离合器及侧减速器等组成。

2) 行驶系是将发动机输出的扭矩转化为驱动机械行驶的牵引力，并支承机械的重量和承受各种力。轮式机械行驶系主要由车轮、车桥、车架及悬挂装置等组成。履带式机械行驶系主要由行驶装置、悬架及车架等组成。

3) 轮式机械转向系主要由方向盘、转向器、转向传动机构等组成。履带式机械转向系主要由转向离合器和转向制动器等组成。

4) 轮式机械制动系主要由制动器和制动传动机构等组成。履带式机械没有专门的制动系，而是利用转向制动装置进行制动。

（3）工作装置：机械作业的执行机构。不同类型的工程机械有不同的工作装置，如推土机的推土铲刀、推架等组成的推土装置，装载机的装载铲斗、动臂等组成的装载装置，挖掘机的铲斗、斗杆、动臂等组成的挖掘装置。

根据工程装备结构复杂的特点，采用自顶向下的方法将整机几何对象进行分解成若干系统（子对象），建立了几何模型层次结构。以挖掘机为例，整机三维模型的重构包括所有零部件的三维造型，及部件、子系统和整机的装配。它由发动机、传动系、行驶系、转向系、制动系、电气系、液压系、工作装置、驾驶室及操纵系统等部分组成的，零、部件共计数千个。它们的结构形式千差万别，用途和工作原理也各不相同，其几何模型分解层次结构用图 1-1 表示。

1.2.2 工程装备三维模型混合重构流程

目前，逆向工程在数据处理、曲面处理、曲面拟合、规则特征的识别、专用商业软件和三维扫描仪的开发等方面已取得了非常显著的进步，但在实际应用中，缺乏明确的建模指导方针，整个过程仍需大量的人工交互，操作者的经验和素质影响着产品的质量，自动重建曲面的光顺性难以保证，对建模人员的经验和技术技能依赖较重。

逆向建模的常用方法有：面片建模、参数化特征建模、拟合曲面建模和混合建模。

（1）面片建模是利用 3D 扫描数据创建最优三角形网格面片，即根据使用目的，通过删除缺陷、穴填补、修改形状以及优化面片结构来将 3D 扫描数据转化成最优三角网格面片。该方法虽然能够表达结构复杂的产品模型，但是并不能很好地反映产品的原始设计意图，所得到的 CAD 模型只是对原产品的简单复制。因此该方法可应用于分析产品模型的形状并通过 3D 打印创建参照原型模型。

（2）参数化特征建模是依据分析 3D 扫描物体的设计意图和元素来创建参数

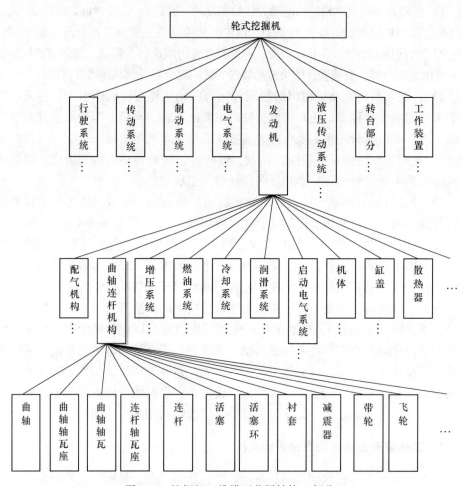

图 1-1 挖掘机三维模型分层结构 (部分)

化特征模型,所创建的特征可以通过控制参数来重复使用、重新定义、修改以及转换。该方法能够比较方便地对所提取的特征进行参数化修改,一定程度上提高了重建模型的效率。但是能够提取的参数信息有限,一般适用于产品表面规则的模型 (如机械零件),制造基于现有产品增强功能的新产品,复制没有图纸或没有 CAD 数据的目标产品。

(3) 拟合曲面建模是利用 3D 扫描物体的优化面片来创边 3D 模型。该方法通过多种工具 (如 Geomagic Design X 中的自动曲面、面片拟合、境界拟合等) 从 3D 扫描数据的形状中快速、高效地提取精确的自由曲面,可以对有复杂曲面的模型进行编辑修改。因此这种方法广泛用于模型的外部结构重建、定制与人体器官匹配的产品、重建损坏的文物艺术品等方面中。

(4) 混合建模是在逆向设计的过程中混合使用多种逆向建模方式,来重构具有复杂结构特征的模型。工程装备中大量零件的曲面比较规则，自由曲面少，面与面之间不会存在较大的过渡曲面，基本上都是以小的圆角过渡，呈现出明显的棱边。这种特点的零件适合于采用基于实体特征的逆向建模方法。对于一些自由曲面的零件，如外覆件等，可以采用基于曲面特征的曲面拟合逆向建模方法。

针对工程装备结构特点和实际条件，在反求测量中积极配合采用传统的零件测绘方法，作为获取数据方法的补充。通过传统的零件测绘获得一些几何尺寸参数，以及通过先进测量并在逆向建模软件中提取的特征参数，将它们导入正向建模软件中进行编辑修改和实体建模，即将逆向建模和正向设计有机结合，跨多个三维建模软件平台，充分利用现有成熟的建模技术，不拘一格加以综合应用，发挥它们建模的优势，取长补短，相辅相成，充分发挥各自的优势。因此，不同的建模方法互相渗透，大大增强了建模能力，解决了复杂工程装备三维模型的重构问题，提高三维重构工作的效率和质量，取得满意的效果。

因此，工程装备三维模型混合重构既采用了多种混合逆向建模方式，也采用了正逆向混合建模，其一般流程如图1-2所示。

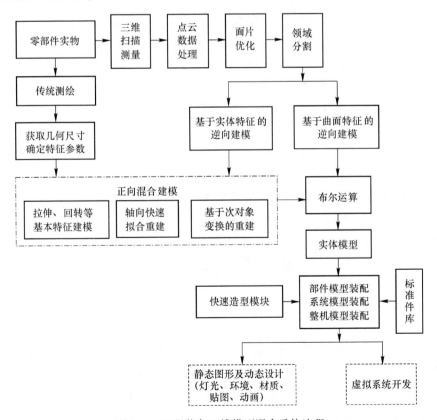

图1-2　工程装备三维模型混合重构流程

第 2 章　工程装备三维模型数据的获取

快速和高效实现零件表面的数据采集是工程装备三维模型重构不可缺少的步骤，并直接影响到模型重构的速度，关系到后续开发的效率。因此，快速获取零件三维数据是三维模型重构的一个重要内容。

不同的测量方式，不但决定了测量本身的精度、速度和经济性，还造成了测量数据类型及后续处理方式的不同。作为面向开发虚拟系统的工程装备三维模型重构，它不同于以加工制造为目的的逆向工程中的三维重构。前者的主要目的是为了通过虚拟形式和交互控制来逼真地展现工程装备的结构、装配、工作原理、运动特点、各种环境条件下的作业方式以及维护保养等训练内容。其最关键的是要满足形状结构特征的相似，而不必须要获取能够加工的相关信息和很高的精度，主要考虑的是装备零部件结构的复杂性和虚拟维修精度要求的多样性（毫米级、厘米级），因此，它的测量原则是快速、简便，尽量选用简单、适用、符合实际需要的测量设备和方法。

工程装备三维模型数据的获取采用了便携式三维扫描仪与传统零件测绘技术相结合的测量方法。三维扫描仪对零件进行全方位三维扫描，零件可灵活摆放，对于大型被测件不需要移动，只需移动三维扫描仪即可完成测量。测量过程中，数据能自动拼接，在极短时间内即可获得高密度的完整数据，再使用强大的后处理软件，就可大大缩短开发周期，降低成本。测量中积极配合使用传统的零件测绘技术（如，直角坐标法、拓印法、铅丝法、极坐标法等）作为获取数据方法的补充，既能满足零件的外轮廓测量，又能够获得零件内部形状数据，对于简单结构零件也能快速建模，提高了适用性、经济性和效率。

2.1　传统机器测绘技术

传统机器测绘是以整台机器为对象，通过测量和分析，并绘制其制造所需的全部零件图和装配图的过程。而此处面向开发虚拟系统的工程装备三维模型重构需要的测绘技术主要是获取三维模型几何尺寸与结构数据，不需要确定零件加工的尺寸公差、形位公差以及表面粗糙度数值。

机器测绘一般分为 5 个阶段。

（1）准备阶段——全面细致地了解测绘对象和任务，在各方面做好充分准备。

（2）解体阶段——对测绘的样机、样件进行解体、测试、记录、分组。

（3）绘制零件草图阶段——绘制零件草图，提出测量要求。

（4）测量阶段——按草图要求，测量尺寸和有关参数。

（5）整理阶段——根据草图及有关测量数据等有关方面的资料，整理出成套机器尺寸数据，为后续三维模型 CAD 重构做好准备。

2.1.1　机器测绘的准备工作

2.1.1.1　机器测绘的组织准备

机器测绘的组织准备工作要根据测绘对象的复杂程度及工作量大小而定。首先应该详细了解测绘任务，估计测绘工作量，然后组织测绘人员分组，平衡各组的测绘工作量，掌握测绘工作的进程，解决测绘中的各种问题等。

2.1.1.2　机器测绘的技术准备

机器测绘的技术准备包括：资料的收集、资料的学习与研究、研究拆卸路线并制定拆卸计划等。

收集测绘对象的原始资料包括：产品说明书或使用说明书、产品样本、产品合格证明书、产品性能标签、产品年鉴、产品广告、维修图册、维修配件目录（或称易损件表）等。

收集有关拆卸、测量、制图等方面的有关资料、图册和标准，主要包括：

（1）机器的拆卸与装配资料；

（2）零部件尺寸的测量方法和标准参数与几何参数换算资料；

（3）制图及校核经验资料；

（4）各种有关的标准资料，尤其是生产国的有关该产品的国标、行业标准、企业标准等；

（5）齿轮、螺纹、花键、弹簧等典型零件的测绘经验资料；

（6）标准件、外购件、外协件的有关资料；

（7）与测绘对象相近的同类产品的有关资料；

（8）机械零件设计手册、机械制图手册、机修手册等工具书籍。

有关资料的事先学习与研究包括：

（1）实样结构特点、技术性能的分析研究；

（2）同类产品资料的学习与研究；

（3）测绘仿制要求及技术协议书的学习；

（4）生产国的有关标准及本国有关标准的学习；

（5）拆卸原则、方法，安全文明操作规定的学习；

（6）测绘方法及经验的学习；

（7）测量方法及有关量仪使用方法的学习；

（8）其他有关专题知识的学习。

研究拆卸路线，制定拆卸计划。拆卸计划在实地拆卸前订出，计划应包括：拆卸顺序、拆卸方法、工具清单、测量项目、装夹方法和注意事项等。

2.1.1.3 机器测绘的物资准备

机器测绘的物资准备工作包括：测绘场地准备、资料、测量器具及绘图工具的准备、拆卸工具和起吊设备准备等。

2.1.1.4 机器零件的编号

测绘的图样及技术文件的编号应根据《产品图样及设计文件编号原则》的方法，采用隶属编号为宜。

每个产品、部件、零件的图样及设计均应有独立的代号。同一产品、部件、零件的图样用数张图样绘出时，各张图样应标注同一代号。

隶属编号是按机器、部件、零件的隶属关系进行编号的。隶属编号分全隶属编号和部分隶属编号两种。

2.1.1.5 示意图的绘制

示意图采用国家标准中规定的图形符号和简化画法。示意图简明易懂，绘制简单迅速，它是测绘过程中极有用的辅助图样。一般示意图有下列几种：装配示意图、传动示意、液压及气动系统示意图、电气设备原理示意图等。

2.1.2 机器拆卸

2.1.2.1 机器拆卸的基本要求

（1）遵循"恢复原机"的原则。

（2）对于外购附件和机器上的不可拆卸连接，过盈配合的衬套、销钉，壳体上的螺柱、螺套和丝套，以及一些经过调整、拆开后不易调整复位的零件（如刻度盘、游标尺等），一般不进行拆卸；

（3）复杂设备中零件的种类和数量很多，有的零件还要等待测量和化验。为了保证复原装配，必须保证全部零部件和不可拆组件完整无损没有锈蚀；

（4）遇到不可拆组件或复杂零件的内部结构无法测量时，尽量不解剖、晚解剖、少解剖。应该采用 X 光透视或其他办法来解决。

2.1.2.2 拆卸工作的一般步骤

1）做好拆卸前的准备工作，包括：场地的选择与清理；了解机器的结构、性能和工作原理；拆前放油；预先拆下或保护好电气设备，以免受潮损坏；

2）先将机器中的大部件解体，然后将各大部件拆卸成部（组）件；

3）将各部（组）件再拆卸成测绘所需要的（组）件或零件。

2.1.2.3 拆卸方法

常用的拆卸方法归纳为 4 种。

（1）利用冲击力拆卸法。利用锤头的冲击力打出要拆卸的零件，这种拆卸法用于零件比较结实或精度不高的零件。为保证受力均匀，常采用导向柱或导向套筒。导向柱或导向套应略小于被拆零件的直径。另外，最好利用弹簧支承在孔中，当导向柱（套）压出被拆卸零件时，可防止损坏零件。

（2）压出法。这种拆卸方法作用力稳而均匀，作用力的方向容易控制，但需要一定的设备。

（3）拉出法。这种拆卸方法常用一些特殊的螺旋拆卸辅助工具，其样式较多。

（4）温差法。温差法拆卸是指利用材料热胀冷缩的原理进行拆卸。例如当拆卸大尺寸的轴承或其他过盈配合件时，为了免遭破坏可采用此法。使轴承内圈加热而拆卸轴承，在加热前用石棉把靠近轴承那一部分轴隔离开，然后在轴上套一个套圈使之与零件隔热。用拆卸工具的抓钩抓住轴承的内圈，迅速将加热到100℃的油倒入，使轴承加热，然后拉出轴承。

（5）螺纹连接的拆卸。

1）拆卸顺序。拆卸顺序与装配时的拧紧顺序相反，由外到里依次逐渐松开。

2）选用合适的扳手。对六角头或方头的螺钉头、螺栓头或螺母，最好采用相应尺寸的固定扳手。避免采用活动扳手，以免滑脱，损坏零件。特殊结构的螺母和螺纹连接，如圆周上带槽或孔的圆螺母，用圆螺母扳手。端面带槽或孔的圆螺母，可用带槽螺母扳手和销钉扳手拆卸。

3）螺柱的拆卸：

①用双螺母拆卸螺柱时，须用两个扳手同时将两个螺母沿相反方向拧动，使它们在螺柱上互相压紧，然后扳动下面的螺母使之沿着松脱方向转动，即可卸下螺柱。

②用高螺母拆卸器拆卸螺柱时，先将它拧入螺柱，再拧紧止动螺钉，然后用扳手沿松脱螺柱的方向扳动高螺母即可。

③用楔式拆卸器来拆卸螺柱时，先将它拧入螺柱，再将楔子楔入压紧螺柱，然后将手柄沿松脱螺柱的方向转动，即可以卸下螺柱。

4）调整螺钉的拆卸。一般用双套筒扳手，先拧紧内套筒，然后按松脱紧固螺母方向拧松外套筒，即可拆下。

5）螺纹连接扭转力矩或转角的测量。无论是拆卸哪种螺纹连接，最好都能在拆卸过程中测量一下螺纹连接的扭转力矩或转角，尤其对一些重要的螺纹连接处（如发动机汽缸盖的连接、液压泵喷嘴、活塞皮碗等橡胶件的螺纹连接处），必须准确测定。而对一般螺钉或螺栓则可抽测几个，以分析锁紧力，作为测绘各类锁紧垫片的依据。通常用公斤扳手就能测出。

6) 受空间位置限制的特殊场合的拆卸。可以用带万向接头的或带锥齿轮的特种扳手。

2.1.2.4　注意事项

(1) 注意安全：

1) 首先有电源的先切断电源，防止触电事故；

2) 拆卸较重零部件时，要用起重设备，注意起吊、运行安全。放下时要用木块垫平稳以防倾倒；

3) 一般箱体盖打开后，应立刻支上，以防突然落下伤人；

4) 拆卸过程中要进行敲打、拆卸及运输、搬动等，要慎重行事，避免事故发生。

(2) 注意保护高精度重要表面。不能用零件高精度重要表面做放置的支承面，以免损伤。当必须使用时，应垫好橡胶板或软布。重要零件拆卸时，要戴保护套。

(3) 防止零件丢失。零件拆卸后即扎上零件号牌，按部件放置。紧固件，如螺钉、螺母及垫圈等，很容易混乱与丢失，最好将它们串在一起或装回原处。也可以把相同的小零件全部拴在一起，或放置在盒内集中保管。要特别注意防止滚珠、键、销等小零件的丢失。

(4) 合理选择拆卸工具。注意文明操作，不得使用不合适的工具，勉强凑合，乱敲乱打。

(5) 记录拆卸方向。无论是打出还是压出衬套、轴承、销钉或拆卸螺纹连接件，均须弄清拆卸方向。

(6) 保护贵重零件。在进行破坏性拆卸时，应当尽量保存制造困难和价格较贵、精度较高的零件。

(7) 注意特殊零件的拆卸。

1) 对某些特殊的零部件，在拆卸时要特别注意操作。例如：敏感元件拆卸时，要防止用力过大，脱焊时温升过高；某些电气元件应防止脱焊时温升过高；对石墨轴承，拿取和放置时防止撞击和变形。

2) 拆下的润滑装置或冷却装置，在清洗后要将其管口封好，以免侵入杂物。

3) 特别是受热部分的螺纹零件，应多涂渗透滑油，待油渗透后再进行拆卸。

4) 拆下的电缆、绝缘垫等，要防止它们与燃、滑油接触，以免玷污。

5) 在干燥状态下拆卸易卡住的配合件，应先多涂渗透滑油，等数分钟后，再拆卸。如仍不易拆下，则应再涂油。

6) 对过盈配合件亦应涂渗透滑油，过一段时间才能进行拆卸。

（8）报废件的管理。对一些精密设备上的一经拆卸就即报废的零件，应单独存放，不能混淆。

（9）建立零部件管理规则：

1）拆卸前各测绘组应编好零部件明细册初稿。拆卸时，修正补充明细册。拆卸后，则应按明细册清点零件，逐一核实；

2）各测绘组有专人负责保管零件。对轴承等精密零部件油封后，用油纸包好，单独存放，定期检查；

3）易生锈件必须油封好，定期检查，发现锈蚀应立即除锈；

4）零部件需外借测量时，必须办借还手续。如必须对零件进行解剖或有损分析的，要有严格审批手续；

5）精密零件要垫平，放好，以免摔倒碰坏。细长零件应悬挂，以免弯曲变形；

6）专用螺栓和销子可重装回原来位置。卡箍和配件仍可留在各导管和电缆上；

7）滚动轴承、橡胶件、紧固件和通用件要分部件保管。

2.1.3 零件尺寸的测量

零件尺寸测量准确与否，将直接影响后续建模，特别是对于某些关键零件的重要尺寸则更是如此。

尺寸测量时要求做到心中有数，测量要仔细。测量一般需要注意下述事项：

（1）关键零件的尺寸和零件的重要尺寸，应反复测量若干次，直到数据稳定可靠，然后记录其平均值或各次测得值。整体尺寸应直接测量，不能用中间尺寸叠加而得；

（2）草图上一律标注实测数据；

（3）对复杂零件，如叶片等，必须采用边测量、边画放大图的方法，以便及时发现问题。对配合面、型面，应随时考证数据的正确性；

（4）要正确处理实测数据。在测量较大孔、轴、长度等尺寸时，必须考虑其几何形状误差的影响，应多测几个点，取其平均数。对于各点差异明显的，还应记下其最大、最小值，但必须分清这种差异是全面性的，还是局部性的。例如，圆柱面上很短圆周的凹凸现象、圆柱面端头的微小锥度等，只能记为局部差异；

（5）测量数据的整理工作，特别是间接测量的尺寸数据整理，应及时进行，并将换算结果记录在草图上。对重要尺寸的测量数据，在整理过程中如有疑问或发现矛盾和遗漏，应立即提出重测或补测；

（6）测量时，应确保零件的自由状态，防止由于装夹或量具接触压力等造成的零件变形引起测量误差。对组合前后形状有变化的零件；应掌握其前后的差异；

（7）在测量过程中，要特别防止小零件丢失。在测量暂停和测量结束时，要注意零件的防锈；

（8）两零件在配合或连接处，其形状结构可能完全一样，测量时亦必须各自测量，分别记录，然后相互检验确定尺寸，决不能只测一处简单完事；

（9）测绘过程中，应反复强调原始数据的记录和草图的整理工作，以及积累资料建立技术档案的重要性；

（10）对测量工具和仪器要注意保管和合理使用，以保持其准确度；

（11）测量的准确程度和该尺寸的要求相适应，所以必须首先弄清草图上待测尺寸需要的精度，然后选定测量工具。测量工具本身的精确度要与零件所要求的精确度相适应。

2.2 先进检测技术

先进检测技术的发展历史包括最初的人力检测、人工检测，发展到电检测以及最终的计算机辅助检测阶段。近年来，随着计算机技术、传感技术、控制技术和视觉图像技术等相关技术的发展，出现了各种数据测量方法，三维数据测量方法按照测量探头是否和零件表面接触，可分为接触式和非接触式数据采集两大类。接触式包括基于力-变形原理的触发式和连续扫描式数据采集，典型的接触式测量方法是三坐标测量机测量法。而非接触式测量法按其原理不同可分为光学式和非光学式。其中，光学式主要包括三角形法、激光测距法、光干涉法、结构光学法、图像分析法等；而非光学式有 CT 测量法等。

数据获取在产品设计与逆向工程及 CAD/CAM/CAE/RP/CNC 之间扮演着桥梁的角色。可以说，数据测量是逆向工程的基础，测得数据的质量事关最终模型的质量，直接影响到整个工程的效率和质量。点云数据获取是逆向工程的第一个步骤，也称为产品表面的数字化，零件的数字化通常是利用特定的测量设备和测量方法将物体的表面形状转换成离散的几何点坐标数据，对零件表面进行数据采样，得到的采样数据点的 (x, y, z) 坐标值。在这基础上进行复杂曲面的建模、评价、改进和制造。实际应用中，因模型表曲数据获取的问题而影响重构模型精度的事时常发生。因此，如何取得最佳的物体表面数据，是进行产品逆向建模首要考虑到问题。点云数据要真实地反映被测量物体有关特征的坐标信息，因此对精度的追求是测量技术的首要目标；在满足精度要求的前提下，提高点云数据量的获取是一个需要考虑的问题。

2.3 工程装备三维数据高效采集与数据处理技术

高效、高精度地实现样件表面的数据采集，是逆向工程实现的基础和关键技术之一，也是逆向工程中最基本、最不可缺少的步骤。手持式三维扫描仪通常包括光源（激光或白光等）、结构光投影器、两个（或以上）工业相机、用于进行三维数字图像处理的计算单元，以及用于标定上述设备的标定板及标记点等附件。工业相机基于机器视觉原理获得物体的三维数据，利用标记点信息进行数据自动拼接，实现基础的三维扫描和测量功能。手持式三维扫描仪品种系列很多，携带方便，使用自由，在工程装备三维数据高效采集中具有很强的实用性。

2.3.1 AXE 系列全局式手持三维扫描仪简介

某科技公司生产的 AXE 系列全局式手持式三维扫描仪有关参数如表 2-1 所示。

表 2-1 AXE 系列产品

产品名称	软件名称	工作模式	推荐被测物大小	分辨率	体积精度
AXE-G7	ScanViewer（SV）	红光快速扫描	中大型工件扫描	0.050mm	0.02mm+0.035mm/m
AXE-B11	ScanViewer（SV）	蓝光精细扫描	细小特征的大型工件	0.010mm	0.01mm+0.035mm/m

AXE 系列手持式三维扫描仪采用多条线束激光来获取物体表面的三维点云，操作者手持扫描仪，实时调整扫描仪与被测物体之间的距离和角度，系统自动获取被测对象的三维表面信息。该扫描仪可以方便地携带到工业现场或者生产车间，并根据被扫描物体的大小、形状以及扫描的工作环境来进行高效、精确的扫描。

AXE 扫描仪是一种利用双目视觉原理用来获得空间三维点云的仪器。工作时借助于扫描当前帧的标记点与标记点库进行匹配从而获得扫描仪和被测物体的空间位置，并通过激光发射器发射激光，照射在被扫描工件表面，再由两个经过厂家校准的工业相机来捕捉反射光，经计算得到工件的外形数据。

AXE 系列包含红外波段、红光波段以及蓝光波段，摄影测量模式采用红外波段，AXE-G7 采用红光波段，AXE-B11（图 2-1）采用蓝光波段。扫描仪的两个相机之间存在一定角度，两个相机的视野相交形成一个公共视野，在扫描过程中要保证公共视野内存在四个以上定位标记点，同时满足被扫描表面在相机的公共焦距范围内。扫描仪的公共焦距称之为基准距，公共焦距范围称之为景深，解析度选择 0.010mm，蓝光基准距 450mm，景深 500mm。

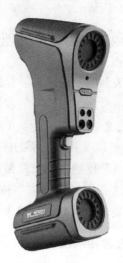

图 2-1 AXE-B11 型全局式三维扫描仪

AXE-B11 型号全局式三维扫描仪，内置两条 11 线蓝色激光、一条单线蓝色激光及摄影测量系统模块，极大地扩展了最大扫描尺寸和扫描精度，为工业测量提供了从 0.02m 到 10m 的全尺寸解决方案。扫描仪支持接触式测量，可获取孔位、平面、边界等关键点的高精度三维数据。配套的 ScanViewer 软件搭载管件测量、形变检测等测量分析功能，为产品设计和检测专业人员提供高效、可靠、全面的 3D 测量技术支持。

扫描仪产品结构如图 2-2 所示。

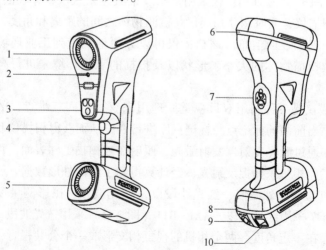

图 2-2 产品结构图

1—相机 A；2—指示激光器；3—激光发射器；4—前置按键；5—相机 B；
6、8—指示灯带；7—后置按键；9—USB 线缆电源接口；10—USB 线缆 Type B 接口

扫描快速操作流程包括：工件预处理、快速标定、预扫标记点，以及扫描激光面片（点）。

2.3.2 AXE-B11 型手持激光扫描仪基本操作流程

扫描仪基本操作流程包括：工件预处理、贴点、快速标定、预扫标记点以及扫描激光面片等。

2.3.2.1 工件预处理

扫描仪是使用激光探测进行扫描的，因此，当被检测物体材质或表面颜色属于下列情况时，扫描结果会受到一定的影响。

（1）透明材质：例如玻璃，若待扫描工件为玻璃材质，由于激光会穿透玻璃，使得相机无法准确捕捉到玻璃所在的位置，因而无法对其进行扫描。

（2）渗光材质：例如玉石、陶瓷等，对于玉石、陶瓷等材质工件，激光线投射到物体表面时会渗透到物体内部，导致相机所捕捉到的激光线位置并非物体表面轮廓，从而影响扫描数据精度。

（3）高反光材质：例如镜子、金属加工高反光面等，镜子等高反光材质会对光线产生镜面反射，从而导致相机在某些角度无法捕捉到其反射光，因此无法获得这些照射条件下的扫描数据。

（4）其他会影响激光漫反射效果的材质或颜色：例如深黑色物体，由于黑色物体吸光，使反射到相机的光线信息变少，进而影响扫描效果。

若要对以上材质的工件进行扫描，则在扫描前需要在工件表面喷反差增强剂，使工件可以对照射在其表面的激光进行漫反射。

2.3.2.2 贴点

全局摄影测量操作中的贴点指在被测物体上粘贴编码标记点和反光标记点。

粘贴反光标记点的要求如下。

每两颗标记点之间间距 30~250mm，具体要根据工件实际情况确定。如果表面曲率变化较小，距离可以适当大一些，最大为 250mm，如果工件特征较多曲率变化较大，可以适当减小距离，最小为约 30mm。如图 2-3 所示。

注意所贴标记点要随机分布，避免规律排布（见图 2-4）。因为扫描仪是通过识别标记点组成的位置结构来进行相对定位的，若标记点排布规律，会增大标记点位置读取错误的概率，从而使数据采集错误。

标记点不宜贴在工件边缘。为了保证数据质量精度，工件上贴标记点的位置在最后输出点云数据的时候会被删除，形成一个孔。所以在贴点时，标记点须离开边缘 2mm 以上，便于后期数据修补处理。

此外，贴标记点时还需注意避免使标记点弄脏，隐藏或破损标记点。若是需要喷粉的工件，则先喷粉，后贴点。

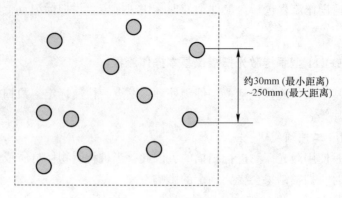

图 2-3 贴点间距旋转

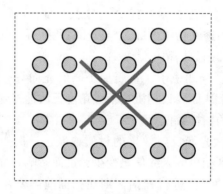

图 2-4 错误贴点方式

粘贴编码标记点的要求如下：

（1）编码标记点随机分布，避免排列成规则的直线。

（2）拍摄时每张图中至少能够出现 6 个清晰的编码标记点。合适的、易于拍摄的位置必须放置足够的编码标记点。但也不是放得越多越好，太多反而会降低计算精度。

（3）编码标记点不能与反光标记点重叠放置，不同编码标记点也不能重叠放置。

2.3.2.3 快速标定

（1）扫描仪连接好后需要使用快速标定板对设备进行快速标定。操作时使标定板两边的标签方向正对使用者操作。使用者沿箭头方向轻微用力推送，打开左右两侧的快标板，如图 2-5 所示。

（2）在 ScanViewer 扫描软件中点击"快速标定"，弹出"快速标定"界面，如图 2-6 所示。

 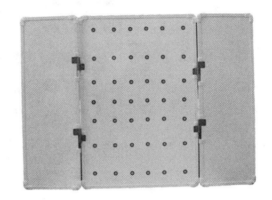

图 2-5 快标板方向

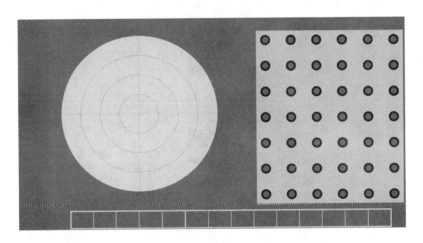

图 2-6 快速标定界面

（3）将标定板放置在稳定的平面，扫描仪正对标定板，距离 400mm 左右，按一下扫描仪开关键，发出激光束（以 7 条平行激光为例），如图 2-7 所示。

（4）控制扫描仪角度，调整扫描仪与标定板的距离，使得左侧的阴影圆重合；在保证左侧阴影圆基本重合的状态下，不改变角度，水平移动扫描仪，使右侧的梯形阴影重合，然后调整距离使其大小符合。如图 2-8 所示。

（5）逐渐抬高设备，标定完竖直方向后，进行右侧 45°标定，将扫描仪向右倾斜约 45°，激光束保持处在第 4 行与第 5 行标记点之间，使阴影重合，如图2-9所示。

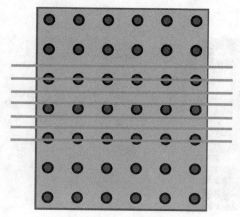

图 2-7 快速标定界面

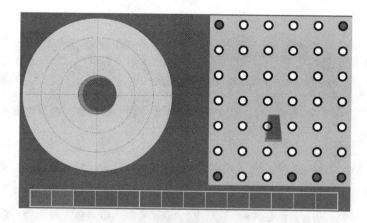

图 2-8 快速标定界面

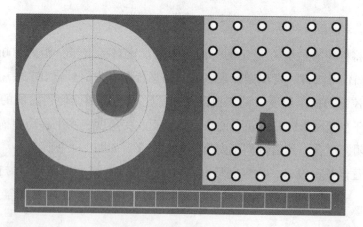

图 2-9 快速标定界面

（6）右侧标定完后进行左侧45°标定，将扫描仪向左倾斜约45°，激光束保持处在第4行与第5行标记点之间，使阴影重合，如图2-10所示。

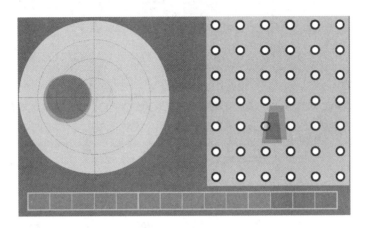

图2-10 快速标定界面

（7）左侧标定完后进行上侧45°标定，将扫描仪向上倾斜约45°，激光束保持处在第4行与第5行标记点之间，使阴影重合，如图2-11所示。

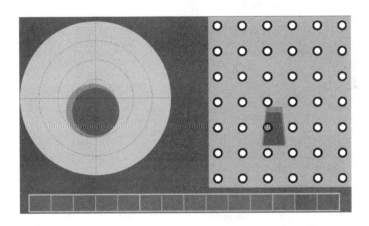

图2-11 快速标定界面

（8）上侧标定完后进行下侧45°标定，将扫描仪向下倾斜约45°，激光束保持处在第4行与第5行标记点之间，使阴影重合，如图2-12所示。

（9）标定完成，结果如图2-13所示。

（10）注意：1）快速标定过程中，快标板附近应当没有其他标记点；2）使用快标板标定时，确保附近没有其他高反射物体；3）标定完成后，保管好快标板并放置于安全防护箱内。

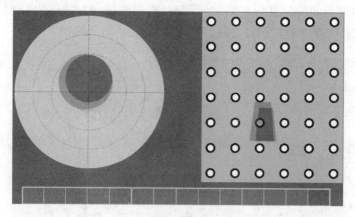

图 2-12　快速标定界面

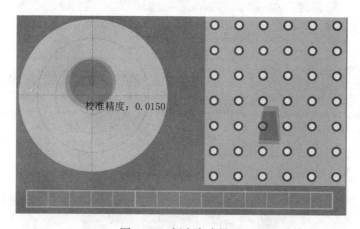

图 2-13　标定完成界面

2.3.2.4　预扫标记点

标定完成后，可以开始扫描。扫描时，先对工件表面的标记点进行采集扫描，建立工件的坐标、定位，该步骤称之为预扫标记点，当然该步骤也可跳过，而直接进行扫描激光面（点）扫描。

预扫标记点的作用是建立工件各个面的位置关系，采集定位的标记点，使得后续的扫描激光面片（点）更容易进行，也使得从面到面过渡更方便。预扫标记点可以使用软件的标记点优化功能，从而增加扫描的精度。

点击"标记点"，选择"开始"，开始预扫标记点，扫描完成后点击"停止"—"优化"，如图 2-14 所示。

预扫标记点时尽可能地使用多个角度对标记点再次进行识别读取，或者可以直接点击"智能标记点"进行扫描（智能标记点扫描可不需要多个角度）。这样

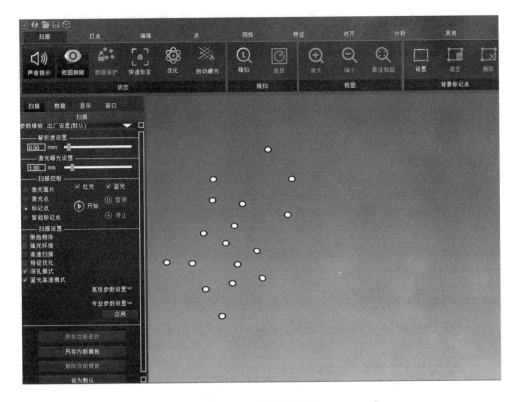

图 2-14 预扫标记点

是为了给标记点优化提供足够的计算数据，标记点优化完成后则可以进行激光面片（点）的扫描。

2.3.2.5 扫描激光面片（点）

在扫描激光面片（点）之前，需要设置扫描参数（或使用参数的缺省值），如，扫描解析度、曝光参数设置，扫描控制、高级参数设置，以及专业参数设置等。

扫描激光面片（点）时，要注意扫描仪的角度和扫描仪与工件的距离，平稳移动扫描仪，使用激光将空白位置数据采集完全即可。扫描完全后点击"停止"，软件开始处理所扫描的数据，等待数据处理完成，激光面片（点）扫描结束。如图 2-15 所示。

2.3.3 软件界面

扫描软件 Scan Viewer 界面主要由菜单栏、工具栏、三维显示区域、功能面板以及状态栏等 5 个部分组成。如图 2-16 所示。

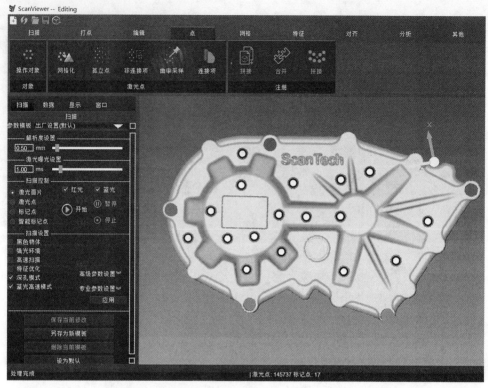

图 2-15　扫描激光面片数据

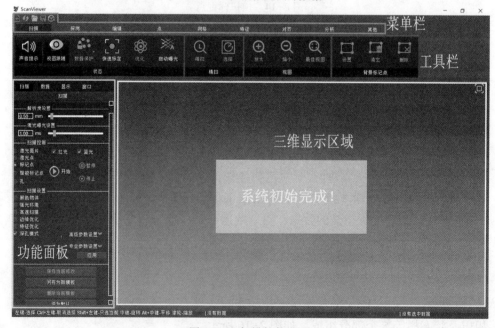

图 2-16　扫描软件界面

2.3.3.1 菜单栏

菜单栏主要包括新建、重置、打开、保存、新增等 5 个快速菜单栏以及扫描、探测、编辑、点、网格、特征、对齐、分析、其他等 9 个应用菜单栏。其中探测为选配件。

（1）快速菜单栏主要进行文件打开、新建、保存等操作，详见表 2-2。

表 2-2 快速菜单栏图标介绍

快速菜单栏	图标显示	功能及说明
新建		新建功能将清空数据管理所有数据，点击"新建"时，弹出"是否清空数据对话框"进行确认操作
重置		可在不重置扫描参数的情况下清除当前的点云与标记点数据（或只清空标记点数据）
打开		工程文件格式：.pj3； 标记点文件格式：.mk2、.umk、.asc、.igs、.txt 等； 激光点文件格式：.asc、.igs、.txt 等； 网格文件格式：保存 ASCII、stl 以及二进制 stl； 数模文件格式：.stp、.step
保存		保存相对应文件，文件格式同上。另外，可将网格文件保存为 .ply 格式
新增		增加一个扫描对象

（2）"扫描"应用菜单栏界面中工具栏说明及功能详见表 2-3。

表 2-3 "扫描"菜单图标介绍

工具栏	图标显示	说明及功能
状态	声音提示	开启/关闭扫描仪扫描过程中的蜂鸣器提示音
	视图跟随	开启视图跟随，三维显示区域实时展示当前正在扫描区域； 关闭视图跟随，三维显示区域以固定角度展示被扫描工件，用户可对视图进行操控
	数据保护	数据保护开启时，用户选择工程数据的某一部分，将其进行数据保护，后续所有的删除与选择操作均对被保护的数据无效
	快速标定	对设备参数进行校准，具体操详见上述"快速标定"

工具栏	图标显示	说明及功能
状态	优化	在进行标记点多角度扫描后，点击优化，优化成功即可提高标记点的精度 注意： 1. 已完成的扫描数据，重新打开不能进行标记点优化； 2. 优化需要从各个角度充分扫描标记点后才可以进行，可使用智能标记点进行查看； 3. 标记点扫描完成点击停止后立即优化，此时不能点击开始，否则优化将无法进行
	自动曝光	可将扫描物体所需的激光曝光自动调节至最适合的值
精扫	精扫	允许用户在扫描过程中对细节特征进行精细扫描，即，扫描平坦或不需要细节的区域时采用普通扫描模式，扫描细节特征时采用精扫模式。精扫模式在保持大型工件细节特征的同时，可有效减少扫描的数据量； 精扫等级分无、低、中、高4种，等级越高，数据精细度越高。 注意：该功能只能在暂停或停止状态下使用
	选择	用于选择需要精扫的区域。
视图	放大 缩小 最佳视图	可对视图进行放大、缩小以及最佳视图操作，只能在扫描过程中使用
背景标记点	设置 清空 删除	可生成背景平面，防止用户在扫描过程中扫描到与工件无关的背景数据

（3）"编辑"应用菜单栏界面中工具栏说明及功能详见表2-4。

表2-4 "编辑"菜单图标介绍

工具栏	图标显示	说明及功能
选择工具	选择工具	选择工具包含矩形、套索、折线、画笔等四种工具，用户可以根据实际需求进行选择； 注意：按住"Alt+鼠标滚轮"可放大缩小画笔直径
选择	不选背面	用户在选择数据时将无法选中当前视图背面方向的数据
	选择贯通	用户在选择数据时只能选中可见部分的数据

续表 2-4

工具栏	图标显示	说明及功能
编辑	温度补偿	根据选择的材料与设置的温度，自动计算出补偿系数，并根据补偿系数进行数据补偿。可在温度补偿窗口界面中自行选择材料类型，如需自定义，可点击"新建"按钮，输入材料类别、名称及 CET（热膨胀系数）值
	撤销 重做 删除	1. 删除：删除当前选中的数据； 2. 撤销：可回退最近一次操作前的状态，只对"删除""删除背景标记点"有效； 3. 重做：可以还原最近一次的"撤销"操作
	全部选择 全部不选 全部反选	1. 全部选择：选中当前图层所有数据； 2. 全部不选：对当前图层数据全部取消选择； 3. 全部反选：对当前选中数据进行全部反向选择
视图	校准原点	用户以 0.1、1、10、100 为步长调整坐标系原点的平移或旋转参数，也可以直接输入参数值 注意：绕轴旋转的单位为度，调整顺序为先平移再旋转
	设置旋转中心	单击该图标后点击需设置的点为旋转中心的模型位置，或者在需设为旋转中心的模型位置单击鼠标右键，选择"设为旋转中心" 注意：必须选中模型上的点进行设置
	重置旋转中心	单击可重置旋转中心，或者在三维显示区域中单击鼠标右键选择"重置旋转中心" 注意：该操作会对所有数据产生效果
	最佳视图	可将编辑时三维查看区域中的数据以最佳位置显示

（4）"点"应用菜单栏界面中工具栏说明及功能详见表 2-5。

表 2-5　"点"菜单图标介绍

工具栏	图标显示	说明及功能
对象	操作对象　操作对象	表示此时可操作点的对象，蓝色图标表示操作对象为激光点，红色图标表示操作对象为标记点
激光点	网格化	将点云数据进行封装，使之变成面的形式存在，最后数据可保存为 .stl 或 .ply 文件格式，文件可用于 3D 打印以及逆向等操作

工具栏	图标显示	说明及功能
激光点	孤立点	可获取与其他多数点云距离超过一定阈值的点
	非连接项	可评估点云邻近性，划分点云区块，选中邻点数量较少的区块
	曲率采样	用减少非特征点、保留特征点的方式来减少数据量，并尽可能保留细节
	连接项	评估点云邻近性后，获得选中点的相邻区块 鼠标左键：选择数据； CTRL+鼠标左键：取消选择数据
注册	拼接	激光点拼接方式
	拼接	标记点拼接方式

（5）"网格"应用菜单栏界面中工具栏说明及功能详见表 2-6。

表 2-6　"网格"菜单图标介绍

工具栏	图标显示	说明及功能
功能	快速选择	快速选中曲率近似并邻接的三角面，可以减少处理过程中的选择时间，经过快速选择选中的面可以更好地进行拟合特征的操作
	选中信息	选中被测数据后，点击"选中信息"即显示选中区域的面积和周长信息
	补洞	根据选中的孔洞信息，估计孔洞周围曲面的曲率，用三角面填充孔洞，使网格数据更加完整

工具栏	图标显示	说明及功能
功能	简化	在保持网格细节特征的同时，减少网格数据量
	流形	快速删除零碎的三角面，减少数据处理时间
	细化	细分每个三角面以提高网格数据的三角面数量
	去除特征	去除数据内多余的特征
	去除钉状物	检测并抹平三角网格上的单点尖峰
	锐化	对工件的锐利边缘进行检测，并强化边缘特征
	砂纸	交互式操作使得操作部分网格更平滑

（6）"特征"：除标记点数据外的其他数据都可以进行特征操作。"特征"应用菜单栏界面中工具栏图标详见表 2-7。

表 2-7　"特征"菜单图标说明

工具栏	图标显示	说明
特征	圆	创建圆特征
	椭圆槽	创建椭圆槽特征

续表 2-7

工具栏	图标显示	说明
特征	 矩形槽	创建矩形槽特征
	 圆形槽	创建圆形槽特征
	 点	创建点特征
	 直线	创建直线特征
	 平面	创建平面特征
	 球体	创建球体特征
	 圆柱	创建圆柱特征
	 圆锥	创建圆锥特征

（7）"对齐"应用菜单栏界面中工具栏说明及功能详见表 2-8。

表 2-8 "对齐"菜单图标介绍

工具栏	图标显示	说明
对齐	 最佳拟合对齐	根据两组数据的表面特征，计算刚性变换参数，从而获得最佳匹配（对齐两组数据）
	 对齐到全局	将一组数据对齐到全局坐标系

续表 2-8

工具栏	图标显示	说明
对齐	特征对齐	利用构造出来的特征（如：平面和圆柱），将两组数据统一到同一坐标系
	N点对齐	一种交互式的预对齐方法。通过选取 N(3≤N≤9) 组点对，计算刚性变换矩阵，将实际数据（一般为扫描数据）对齐到标准数据（一般为模型文件）坐标系
	PLP对齐	根据特征平面、直线、点将两组数据统一到同一坐标系，可以看成一种广义的特征对齐
	RPS对齐	根据参考点将两组数据统一到同一坐标系

（8）"分析"应用菜单栏界面中工具栏说明及功能详见表 2-9。

表 2-9 "分析"界面图标介绍

工具栏	图标显示	说明
测量	距离	测量特征之间的距离
	角度	测量特征之间（如直线与平面）的角度
比较	截面	创建点云、网格、CAD 数模的横截面。平面截取数模、网格获得截面线；平面截取扫描数据获得点云
	3D比较	生成一个用不同颜色来表示 Test 数据和 Reference 数据之间的偏差图
	创建注释	可查看 3D 比较结果的各个关注点的偏差信息
	创建报告	导出偏差信息，创建相对应的报告

工具栏	图标显示	说明
管件	管件检测	通过扫描仪获取表面点云数据，输入部分弯管约束信息后，自动计算得到相关弯管参数，可用来逆向工程和检测比对
GD&T	圆度	实际被测圆周与理想圆周的偏差
	直线度	实际被测直线与理想直线的偏差，分为平面线和空间线
	平面度	实际被测平面与理想平面的偏差
	圆柱度	实际被测圆柱与理想圆柱面的偏差
	球度	实际被测球面与理想球面的偏差，球度与圆度类似，可以看成是圆度在三维的扩展
	平行度	以平面为基准时，平行度公差带是距离为平行度公差值、平行于基准平面的两平行平面之间的区域
	垂直度	以直线为基准时，垂直度公差带是距离为垂直度公差值、垂直于基准直线的两平行平面之间的区域
	同轴度	同轴度公差带是直径为同轴度公差值轴线与基准轴线重合的圆柱面内的区域

（9）"其他"应用菜单栏界面中工具栏说明及功能详见表2-10。

表2-10 "其他"菜单图标介绍

工具栏	图标显示	说明
其他	关于	关于功能中显示软件版本号、模块版本号、许可证时间以及版权信息。若模块版本号显示 N/A，则表示该模块未连接

工具栏	图标显示	说明
其他	环境检测	显示及排查部分设备连接错误
	扫描检测	显示扫描仪的工作状态
	程序设置	软件使用语言的切换
	设备管理	可对软件进行设置，即配置许可证、更新配置文件夹、固件升级

2.3.3.2 功能面板

功能面板主要包括扫描、数据、显示、窗口等 4 个部分，4 个部分说明详见表 2-11 和表 2-12。

表 2-11 "扫描"界面图标介绍

模块	图标	说明
扫描	解析度设置 0.50 mm	可设置采集到的点云数据的疏密程度的参数，不同的设备型号有不同的设置范围； 解析度值越小，点云越密集，数据量越大，扫描速度变慢，物体细节越好； 解析度值越大，点云越稀疏，数据量越小，扫描速度变快，物体细节较差
	激光曝光设置 1.0 ms	调整激光线亮暗的参数，数值越大，激光越亮，可识别更深颜色的工件
	扫描控制 激光面片 ☑红光 ☑蓝光 激光点 标记点 ⏸暂停 ▶开始 智能标记点 ⏹停止 孔	激光面片和激光点可同时获得激光点和标记点数据； 激光面片以面片的形式显示所扫描的激光点； 激光点以点的形式显示所扫描的激光点； 标记点和智能标记点可获得标记点数据；其中智能标记点扫出的标记点对象以颜色形式表示角度信息，便于判断是否满足进行优化的条件； 开始/暂停/停止：控制扫描启停； 红光/蓝光：选择使用红光或蓝光进行扫描

模块	图标	说明
扫描	扫描设置 黑色物体 强光环境 高速扫描 边缘优化 特征优化 ✓深孔模式	黑色物体：当扫描表面材质颜色较深或者反光度较强时，可勾选"黑色物体"，来获得更好的扫描效果； 强光环境：当扫描仪在强光环境下工作时，勾选"强光环境"，来获得更好的扫描效果； 中速扫描：固定使用 70 帧的帧率进行扫描； 特征优化：在软件停止时，优化物体特征处的数据，使物体特征区域更精细。注意：该功能不能与"精扫模式"同时使用； 深孔模式：可使扫描孔直径与扫描孔深度比例达到 1∶2（非深空模式的比例为 1∶1.5）
	高级参数设置^ 标记点设置 标记点反光度　高反光 ▼ 标记点类型　普通标记点 ▼ 标记点延伸范围　3.0 mm 标记点半径设置 ☐1.43 mm ☐6 mm ☐自定义 ⬚mm	标记点反光度：通过设置标记点的反光度，以获得更好的扫描结果； 标记点类型：该选项会间接影响标记点延伸范围，选择"磁性标记点"时范围更大； 标记点延伸范围：参数控制标记点周围激光点的删除半径
	专业参数设置^ 不新增标记点 狭长标记点 标记块	不新增标记点：勾选后不再出现新标记点； 狭长标记点：勾选后可对贴成狭长形的标记点进行优化； 标记块：勾选可自动寻找并删除标记块所在的点云与标记点
扫描	保存当前修改 另存为新模板 删除当前模板 设为默认	用户可根据实际情况更改扫描参数设置，点击"另存为新模板"的同时，用户若勾选为默认，此参数设置即成为新的默认模板； 也可以对设置模板进行保存/删除/设为默认等操作
	出厂设置(默认) ▼ 出厂设置(默认) 自定义模板 1	用户在参数模板中可根据实际要求选择相对应的模板格式

表 2-12 "显示"界面图标介绍

模块	图标	说明
显示	常规设置 ☐网格线 ☐平面着色 ✓平滑着色	勾选"网格线"时，显示网格数据的网格线； 勾选"平面着色"时，三角网格显示的更真实； 勾选"平滑着色"时，三角网格显示的更平滑
	自定义模型 选择颜色 ⬚ 激光点颜色 正面 ⬚ 应用 背面 ⬚ 应用 恢复默认	用户可更改点云以及激光点正面、背面显示的颜色

2.3.3.3　状态栏

状态栏主要描述三维显示区域中软件快捷操作以及扫描过程中数据状态及数据量。在三维显示区域内，快捷操作如下：

（1）鼠标左键：选中数据；

（2）Ctrl+鼠标左键：取消选中数据；

（3）鼠标中键：旋转扫描数据；

（4）Alt+鼠标中键：平移扫描数据；

（5）鼠标滚轮：数据缩放。

数据状态：文件中扫描的激光点及标记点数据量，如有选中，显示选中点的数据量。

2.3.4　扫描操作

"扫描"部分主要介绍软件的数据保护、自动曝光、精扫和背景标记点等4个应用部分。

2.3.4.1　数据保护

数据保护功能允许用户选择工程数据的某一部分，对其进行数据保护。在之后的操作过程中，所有的删除与选择操作对被保护的数据均无效。具体操作如下。

（1）扫描完成后，点击"停止"（或暂停）—选中部分数据—点击"数据保护"（数据保护模式，其他功能暂不可用），选中数据颜色变成黄色。如图2-17所示。

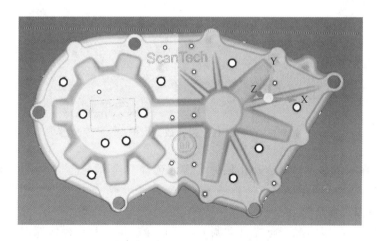

图2-17　选中数据保护

（2）选中"数据保护"，数据颜色变成灰色，选中后所有选择及删除操作无法影响到灰色（被保护）部分数据。如图 2-18 所示。

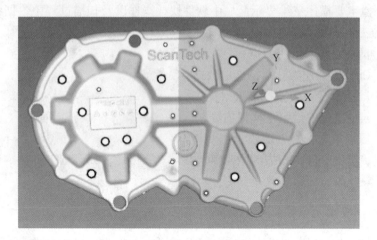

图 2-18 数据保护中

（3）再点击"数据保护"，数据颜色由灰色变成黄色，表示数据保护功能被撤回。如图 2-19 所示。

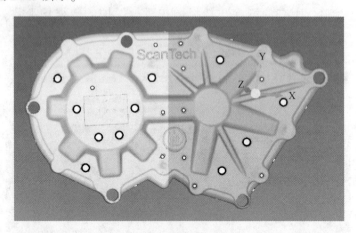

图 2-19 撤回数据保护

（4）在三维显示区域，单击鼠标右键，选择"全部不选"，可退出数据保护模式。如图 2-20 所示。

2.3.4.2 自动曝光

自动曝光可以将激光曝光自动调节到最适合的值，具体操作如下。

（1）点击"自动曝光"—"开始"，如图 2-21 所示。

（2）界面显示"自动曝光正在进行中"—"自动曝光"字体消失后，点击"退出"，软件将会自动调整到合适的曝光值，如图 2-22 所示。

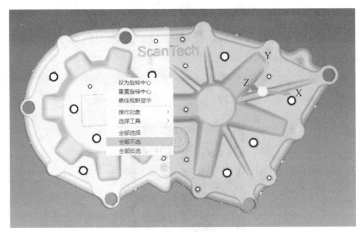

图 2-20 退出数据保护模式

图 2-21 曝光开始

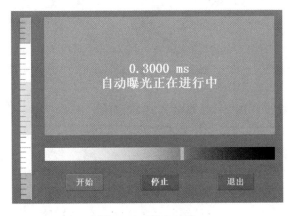

图 2-22 曝光过程

2.3.4.3 精扫

精扫功能允许用户在同一解析度下，扫描出更精细的数据。该功能只能在暂停或停止状态下使用。具体操作如下。

（1）在已有扫描数据的情况下，点击"精扫"，选择精细等级（无、低、中、高，等级越高，数据精细度越高）。如图2-23所示。

图2-23 选择精扫等级

（2）点击"选择"，选择精扫数据区域，选中区域内的数据颜色变成金黄色，如图2-24所示。

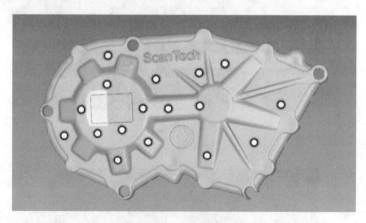

图2-24 选择精扫数据

（3）精扫后数据如图2-25所示。再次点击"选择"，可退出精扫模式，进入正常扫描模式。

2.3.4.4 背景标记点

背景标记点可生成一个背景平面，防止用户在扫描过程中，扫描到与工件无关的数据。具体操作如下。

（1）将需扫描的工件置于平面上，在平面上粘贴3个及以上的标记点，标记

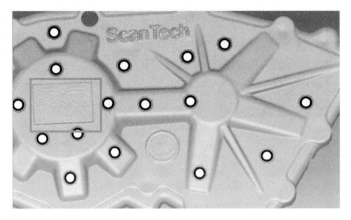

图 2-25 精扫后数据

点扫描完成后点"背景标记点—设置",输入"偏移距离",点击"确定",如图 2-26 所示。

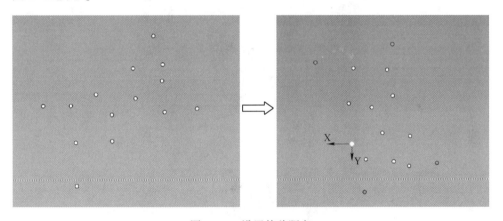

图 2-26 设置偏移距离

（2）点击"开始",进行工件扫描,扫描过程及完成的图片如图 2-27 所示。点击"清空"或者"删除"来删除背景标记点。

2.3.5 编辑操作

"编辑"部分主要讲解不选背面、选择贯通、温度补偿等 3 个应用方式。具体图标功能详见 2.3.3.1 菜单栏小节中的叙述。

2.3.5.1 不选背面

点击"不选背面",用户在选择数据时将无法选中当前背面朝向的数据（注："正面"指物体的外表面,"背面"则指物体的内表面）。

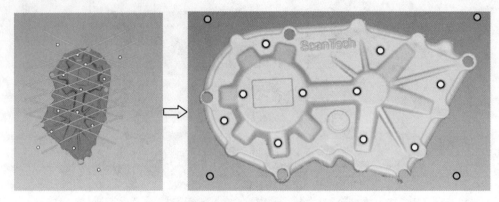

图 2-27 扫描过程

（1）未点击"不选背面"时，其中选中的数据背面也被选中，如图 2-28 所示。

图 2-28 未点击"不选背面"

（2）点击"不选背面"时，其中选中的数据背面未被选中，如图 2-29 所示。"不选背面"功能只对激光点文件和工程文件的数据有效。

2.3.5.2 选择贯通

点击"选择贯通"，用户在选择数据时将只能选中可见部分的数据。

（1）未点击"选择贯通"时，选中数据正面及背面如图 2-30 所示。

（2）点击"选择贯通"时，选中数据正面及背面如图 2-31 所示。"选择贯通"功能只对网格文件数据有效。

2.3.5.3 温度补偿

温度补偿功能是根据选择的材料与设置的温度，自动计算出缩放系数，并根

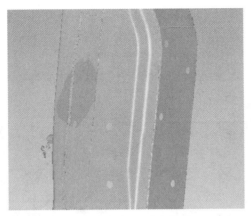

图 2-29　点击"不选背面"

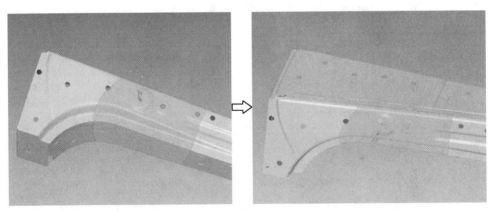

图 2-30　未点击"选择贯通"

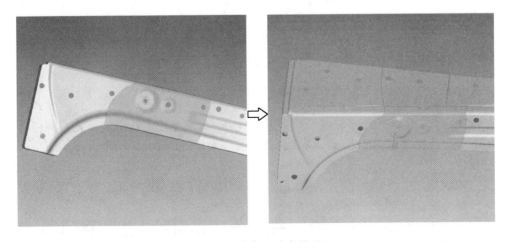

图 2-31　点击"选中贯通"

据缩放系数进行数据缩放。点击"温度补偿"，可在功能面板"窗口"选择需补偿材料类型，如没有该材料选项，可点击"材料"后进行"新建"材料类型，点击"确定"，材料类型添加成功。系统会根据所选中的材料与设置的温度自动计算出补偿系数，点击"确定"按钮，最后使当前的补偿系数对当前数据进行后处理工作，如图 2-32 所示。

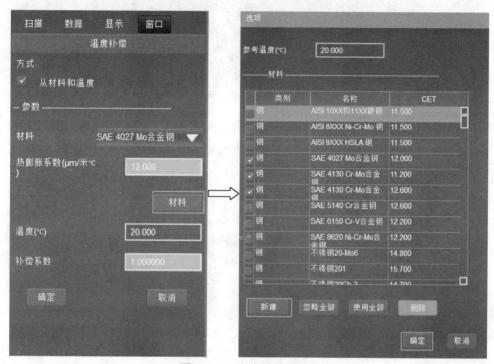

图 2-32　"温度补偿"界面

2.3.6　点操作

"点"部分主要讲解网格化、孤立点、非连接项、曲率采样、拼接等 5 个应用方式。

2.3.6.1　网格化

网格化的主要功能是将点云数据进行封装，使之变成面的形式存在，网格化的数据可以保存为 .stl 或 .ply 格式文件格式，文件可用于 3D 打印以及逆向工程等操作。

网格化过程中可选项有填补标记点、边缘优化、高精度模式、补小洞、最大边缘数、稀化强度、平滑等级以及优化等级等功能。

（1）填补标记点：在点云封装网格阶段，根据标记点位置，填补标记点所在区域的数据，以封装成完整网格。

（2）边缘优化：对封装的网格数据边缘进行重新排列，以获得更加平滑的网格边缘数据。

（3）高精度模式：在平滑的同时保持更高的细节度。

（4）补小洞、最大边缘数：在封装网格时填补边缘数小于阈值（软件默认值为 15 条边，用户也可以自定义）的小洞，以获得更完整的网格数据。

（5）稀化强度：在网格封装时，根据稀化强度的不同，在平坦区域和特征区域减少不同的网格数量，以获得数据量较少的封装网格数据。

（6）平滑等级：调整网格顶点位置，以得到更加平滑的网格数据；参数有低、中、高，依次提高平滑网格强度，获得更加平滑光顺的网格数据。

（7）优化等级：不断优化网格数据，使得网格表面更加平滑，在保留特征的同时，减少网格的数量。参数有低、中、高，依次提高优化网格强度，获得的网格数据在保证一定精度的前提下更加平滑光顺。

扫描完成后点击"停止"—"网格化"，在功能面板中弹出参数窗口，可以进行参数设置（一般选择默认设置）。如图 2-33 所示。

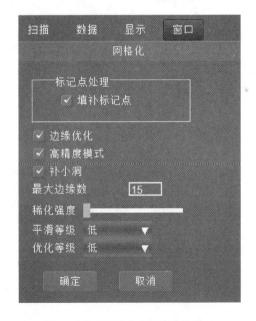

图 2-33 "网格化"参数设置窗口

下面主要说明在"网格化"过程中各个参数未勾选以及勾选后的区别。

（1）填补标记点。在"窗口"处勾选"填补标记点"，点击"确定"，等待数据运行完成，即完成"填补标记点"，如图 2-34 所示。

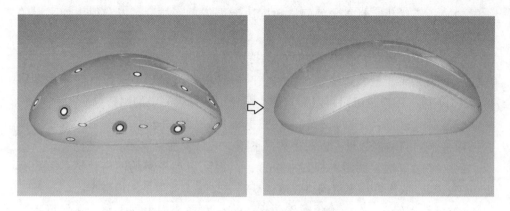

图 2-34 "填补标记点"处理结果

（2）边缘优化。在"窗口"处勾选"边缘优化"，选中边缘处，点击"确定"，等待数据运行完成，即完成"边缘优化"，如图 2-35 所示。

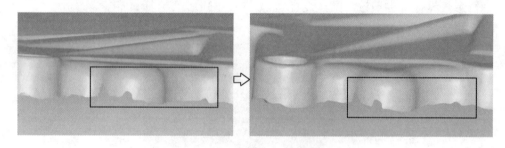

图 2-35 "边缘优化"处理结果

（3）补小洞。在"窗口"处勾选"补小洞"，即可填补边缘数小于阈值（软件默认值为 15 条边，用户可以自定义）的小洞，点击"确定"，等待数据运行完成，即完成"补小洞"操作，如图 2-36 所示。

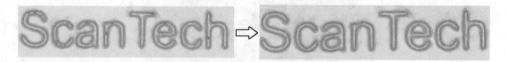

图 2-36 "补小洞"处理结果

（4）平滑等级。在"窗口"处的"平滑等级"，有无、低、中、高 4 个等级，选中需要的"平滑等级"，点击"确定"，等待数据运行完成，即完成"平滑等级"操作，如图 2-37 所示。

（5）优化等级。在"窗口"处的"优化等级"，有无、低、中、高 4 个等

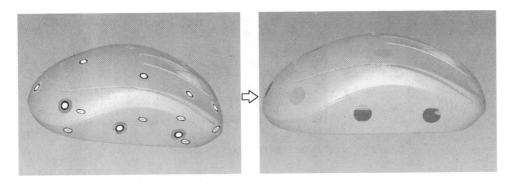

图 2-37 "平滑等级"处理结果

级，选中需要的"优化等级"，点击"确定"，等待数据运行完成，即完成"优化等级"操作，如图 2-38 所示。

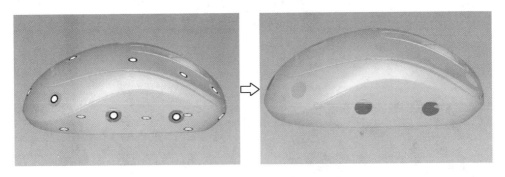

图 2-38 "优化等级"处理结果

2.3.6.2 孤立点

对已扫描完成的数据，点击"孤立点"，在功能面板"窗口"处选择"灵敏度"值，（灵敏度 0~100 数值，数值越大判定孤立点的条件越严格）。点击"确定"，运行完成后即可看到数据中红色的"孤立点"。如图 2-39 所示。

2.3.6.3 非连接项

对已扫描完成的数据，点击"非连接项"（其功能面板窗口显示如图 2-40 所示），选择"分隔"等级，分隔等级分为低、中、高 3 类，选择的分隔等级越低，非连接项点云数据显示越多。

2.3.6.4 曲率采样

对已扫描完成的数据，点击"曲率采样"，选择"百分比"，输入百分比值，点击"应用"。曲率采样百分比为 50% 以及 100% 两种情况下的曲率采样效果对比，如图 2-41 所示。

图 2-39　选择"孤立点"操作

图 2-40　选择"非连接项"操作

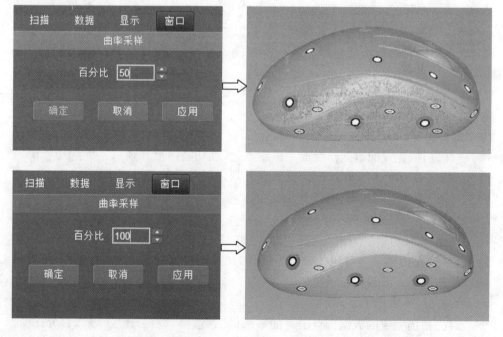

图 2-41　"曲率采样"对比图

2.3.6.5 拼接

拼接方式主要包括标记点拼接和激光点拼接两种方式。

A 标记点拼接

第一步：打开需要拼接的两组标记点文件（以下以"大车1、大车2"为例进行说明），右击数据"大车1"，选择"设置 Test"，右击数据"大车2"，选择"设置 Reference"。如图 2-42 所示。

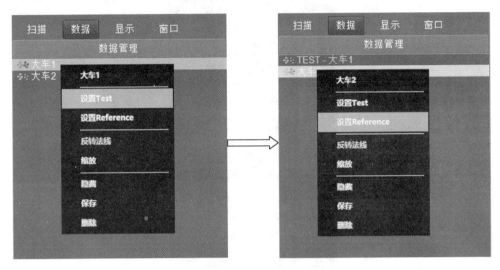

图 2-42 拼接前数据设置

第二步：点击标记点拼接 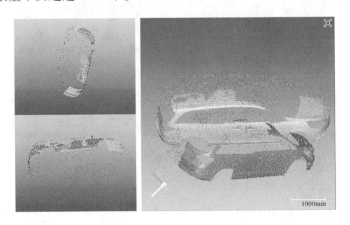，选中需拼接的标记点。如图 2-43 所示。选中标记点数量不要超过 1000 个。

图 2-43 拼接过程

第三步：检查并删除偏差较大的点，点击"合并—应用"，如图2-44所示。

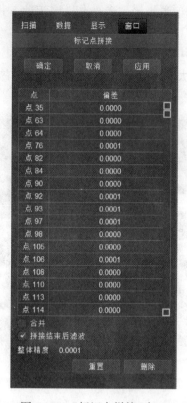

图2-44 "标记点拼接"窗口

第四步：标记点拼接结果如图2-45所示。

图2-45 "标记点拼接"结果

B 激光点拼接

第一步：打开需要拼接的两组激光点文件，右击数据1，选择"设置Test"，右击数据2，选择"设置Reference"。如图2-46所示。

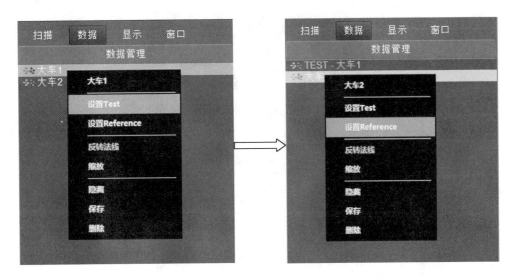

图 2-46　拼接前数据设置

第二步：点击激光点拼接 📷 ，分别选中左图 1 的 3 个参考点以及左图 2 中 3 个测试点，点击"应用"，完成激光点拼接。如图 2-47 所示。

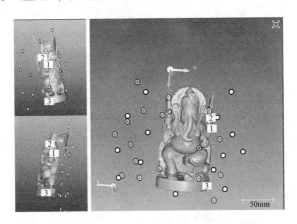

图 2-47　"激光点拼接"数据

第三步：激光点拼接结果如图 2-48 所示。

2.3.7　网格操作

"网格"部分主要讲解快速选择及选中信息、补洞、简化、细化、去除特征等 5 个应用方式。

图2-48 "激光点拼接"完成

2.3.7.1 快速选择及选中信息

扫描完后将数据点击"网格化—快速选择",快速选择后,点击"选中信息",可显示选择区域的面积及周长。如图2-49所示。

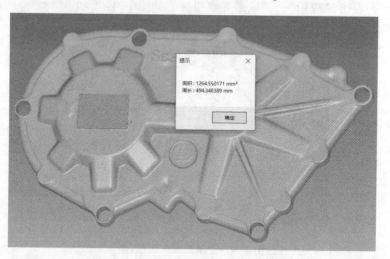

图2-49 "快速选择及选中信息"界面

2.3.7.2 补洞

选中将要补洞的扫描数据,点击"网格化—补洞"(此时数据边界变成绿色并且其他功能皆被锁定)选中需要填补的区域,点击"补洞"。补洞前后对比如图2-50所示。

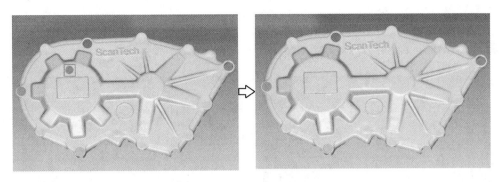

图 2-50 "补洞"前后界面图

2.3.7.3 简化

选中将要简化的网格数据，点击"简化"，选择参数（保留三角形数量或者百分比）—点击"确定"，完成数据简化。简化前后对比如图 2-51 所示。

选择功能面板"显示"并勾选"网格线"，可更直观地查看简化效果。

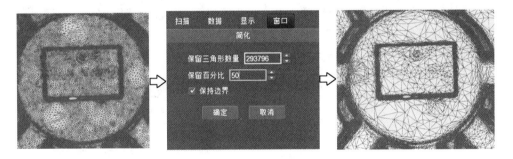

图 2-51 "简化"前后对比图

2.3.7.4 细化

选中将要细化的网格数据，点击"细化"—"应用"，完成数据细化。细化前后对比图如图 2-52 所示。选择功能面板"显示"并勾选"网格线"，可更直观地查看细化效果。

图 2-52 "细化"前后对比图

2.3.7.5 去除特征

打开需要去除特征的网格数据文件，选中需去除的特征后点击"去除特征"，完成"去除特征"。特征去除前后对比如图 2-53 所示。

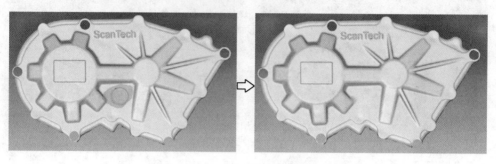

图 2-53 "去除特征"前后对比图

2.3.8 特征操作

"特征"主要讲解圆、矩形槽、点、直线等特征的属性、特征构造、特征保存及特征抽取等应用方式。打开"模型文件"时，特征构造方式则会增加"CAD 选项"，其他特征的属性及构造方式如表 2-13 所示。

表 2-13 特征属性及构造方式

特征	参数	构造方式
圆	有圆心坐标、方向、半径等	方式：参数、相交、拟合、选择点； 相交子方式：平面与圆柱、平面与圆锥、平面与球； 拟合子方式：拟合； 选择点子方式：3 点
椭圆槽	有中心点坐标、方向、主矢方向、长度、宽度等	方式：参数、拟合； 拟合子方式：椭圆槽
矩形槽	有中心点坐标、方向、主矢、长度、宽度等	方式：参数、拟合； 拟合子方式：矩形槽
圆形槽	有中心点坐标、方向、主矢、半径、长度、宽度等	方式：参数、拟合； 拟合子方式：圆形槽
点	点坐标	方式：参数、对象、相交、投影、拟合； 对象子方式：圆心、平面中心、球心、直线中点、圆柱中点； 相交子方式：两直线、直线与平面、3 平面、直线与球； 投影子方式：点在直线的投影、点在平面的投影、点在球的投影、点在圆柱的投影、点在圆锥的投影； 拟合子方式：球心、圆锥锥点

续表 2-13

特征	参数	构造方式
直线	起点坐标、终点坐标、方向、长度	方式：参数、对象、相交、投影、拟合、选择点； 对象子方式：圆法线、圆柱轴线、椭圆槽法线、椭圆槽主矢、圆槽法线、圆槽主矢、矩形槽法线、矩形槽主矢； 相交子方式：两平面； 投影子方式：直线在平面的投影； 拟合子方式：直线； 选择点：2 点
平面	坐标、方向、主矢、半径、长度、宽度等	方式：参数、对象、拟合、选择点； 对象子方式：圆平面、椭圆槽平面、圆槽平面、矩形槽平面； 拟合子方式：平面； 选择点子方式：3 点
球体	球心坐标、半径	方式：参数、拟合、选择点； 拟合子方式：球体； 选择点子方式：4 点
圆柱	基点、方向、半径、高度	方式：参数、拟合； 拟合子方式：圆柱
圆锥	方向、半角、高度、基部半径、顶部半径	方式：参数、拟合； 拟合子方式：圆锥

此处介绍的特征均为有界或有限的，如直线有长度，圆柱有高度，平面有界。圆锥特征包括数学意义下的圆锥和圆台。

2.3.8.1 特征构造

特征构造包括相交方式、拟合方式、选择点方式、CAD 方式、对象方式、投影方式等 6 种方式。

A 相交方式

相交方式包括直线与直线、直线与平面、直线与球以及三平面相交构造点；两平面相交构造直线；平面与圆柱、平面与圆锥以及平面与球相交构造圆。

B 拟合方式

拟合方式包括最小二乘拟合构造、最小一乘拟合构造、切比雪夫最佳拟合构造、最大内切圆拟合构造等。

最小二乘法（又称最小平方法）：是一种数学优化技术。它通过最小化误差的平方和寻找数据的最佳函数匹配。利用最小二乘法可以简便地求得未知的数据，并使得这些求得的数据与实际数据之间误差的平方和为最小。

最小一乘法：只要最小化误差的绝对值之和。它不要求随机误差服从正态分布，"稳健性"比最小二乘法高。在数据随机误差不服从正态分布时，本方法优于最小二乘法。

切比雪夫拟合：根据数学家切比雪夫的理论而命名，最小化最大值即MinMax问题。

最大内切圆拟合：根据实际数据拟合构造最大的内切圆。

C 选择点方式

选择点方式包括三点构造平面、三点构造圆、四点构造球等。

D CAD方式

即通过在CAD数据鼠标点击特征所在面或线或点来创建特征。

E 对象方式

即从已构造的特征中获取点、线、平面，构造点一般为圆心、球心、中心点等，构造直线一般为轴线或二维特征的法向，构造平面一般为二维特征所在平面。

F 投影方式

包括点在直线上的投影点和点在平面内的投影点构造点，以及直线在平面内的投影直线构造直线。

a "圆"特征构造

(1) 参数：点击"圆"，选择"参数"，输入坐标、方向、半径值，点击"创建"—"确定"。如图2-54所示。

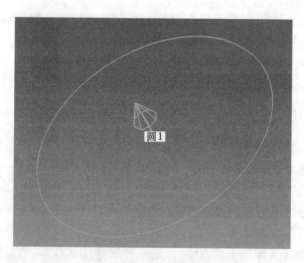

图2-54 "圆"参数创建

(2) 相交：点击"圆"，选择"相交"，有"平面与圆柱"、"平面与圆锥"、"平面与球"3种子方式，下面主要介绍"平面与圆柱"相交方式构造圆。需分别创建一个平面与圆柱。具体创建步骤如下。

第一步：点击"平面"—方式"拟合"—"创建"—"确定"，即可出现一个平面特征。如图 2-55 所示。

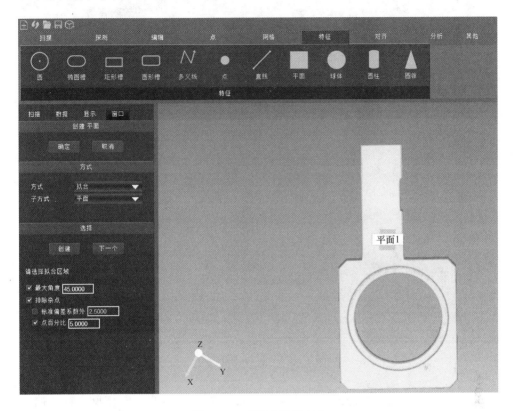

图 2-55　"圆"参数相交 I

第二步：点击"圆柱"，选择"方式"—"拟合"—"创建"—"确定"，即可出现一个圆柱特征。如图 2-56 所示。

此时，平面以及圆柱特征构造完成，点击"圆"—方式"相交"，分别点击平面及圆柱处，最后点击"创建—确定"，完成以相交构造圆的特征方式。如图 2-57所示。

（3）拟合：点击"圆"，选择"方式"—"拟合"，在选择拟合区域中方式分为最小二乘最佳拟合、最小一乘最佳拟合、切比雪夫最佳拟合、最大内切圆拟合 4 种拟合方式。其中"最小一乘最佳拟合"可选用子方式有"内部、中部"，"切比雪夫拟合"可选用子方式有"内部、中部、外部"等。以下使用"最小二乘最佳拟合"创建方式，如图 2-58 所示。

（4）选择点：点击"圆"，选择方式"选择点"，子方式"三点"，点击"创建"—"确定"完成三点方式构造圆特征。如图 2-59 所示。

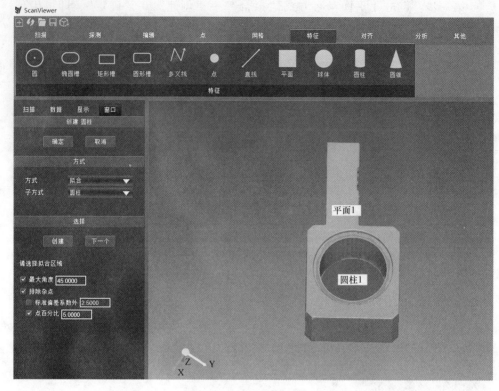

图 2-56　"圆"参数相交 II

（5）在某些应用场合，构造出来的特征可能与实际的法向相反。特征抽取功能有时就需将特征的方向"反转"。点击数据"圆 1"—"属性"—"反转"—"确定"即可。如图 2-60 所示。构造出来的特征法向方向相同时，此步骤可不操作。

（6）构造的特征可以保存为 .step 或 .iges 格式文件，其中圆、椭圆槽、矩形槽、圆槽、多义线、点、直线构造的特征保存为 .iges 格式文件，平面、球、圆柱、圆锥构造的特征保存为 .step 格式文件。

b　"点"特征构造

参数、相交、拟合构造方式原理同上"圆"特征构造。

（1）对象：先构造一个特征"圆"，点击"点"—方式"对象"—子方式"圆心"（可按照具体特征选择）—"创建"—选中"圆 1"数据—点击"确定"即可。如图 2-61 所示。

（2）投影：同（1）通过"对象"构造点特征。再构造一个"平面"特征，选择"点"—方式"投影"—子方式"点在平面的投影"，点击"点 1"及"平面 1"，"点 2"为"点 1"在"平面 1"上投影的点。如图 2-62 所示。

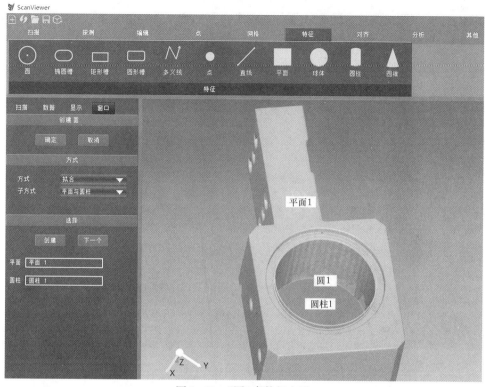

图 2-57　"圆"参数相交Ⅲ

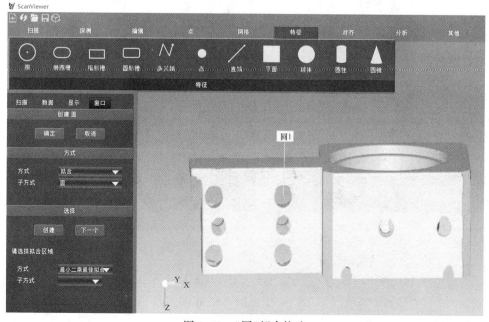

图 2-58　"圆"拟合构造

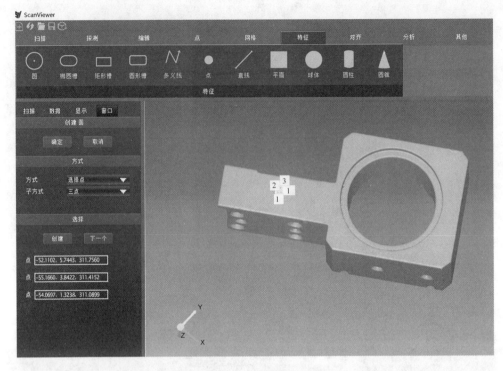

图 2-59　"圆"选择点构造

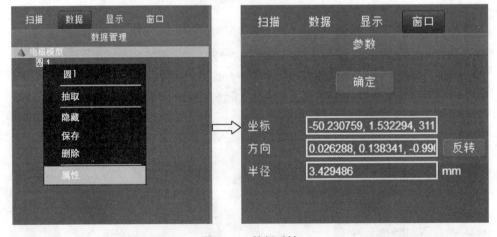

图 2-60　特征反转

c　"多义线"特征构造

（1）选择需要构造"多义线"的数据，点击"多义线"，选择"起点""终点"，输入"步长""半径"参数。步长输入的数据为解析度的 2~5 倍，半径输入数据的实际半径值。如图 2-63 所示。

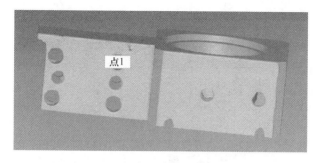

图 2-61 "点"对象方式构造

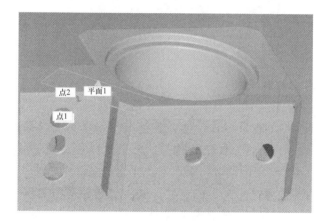

图 2-62 "点"投影方式构造

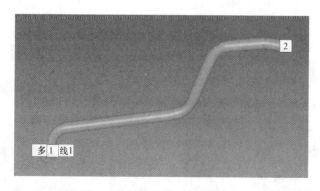

图 2-63 "多义线"特征构造 I

（2）点击"创建"—"确定"，构造出的多义线（图 2-64），鼠标右击"多义线 1"进行保存，选择保存类型"多义线文件（.iges）"进行保存。

待拟合的数据需连续，无明显断裂现象，否则会引起多义线截断现象。

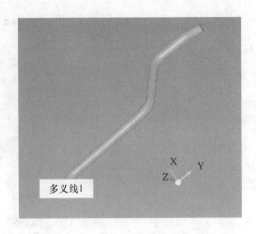

图 2-64　"多义线"特征构造Ⅱ

2.3.8.2　特征抽取

特征抽取是指在同一坐标系下，参考数据上的特征自动在测试数据上相近位置拟合创建相同类型的特征操作。参考数据必须为模型文件即 CAD 数据文件，能够抽取的特征必须通过 CAD 格式构造。软件现阶段支持 CAD 点选出来的平面、圆、球、圆柱等特征的抽取。下面主要介绍平面特征抽取。

（1）选择需要抽取"平面"的文件，同时打开相对应的模型文件，鼠标右击文件选择"设置 Test"，右击模型文件选择"设置 Reference"。如图 2-65 所示。

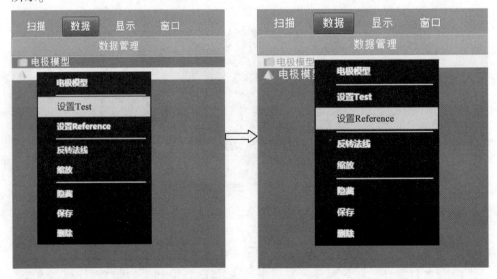

图 2-65　文件设置

（2）点击"最佳拟合对齐"，将模型文件与文件位置分别选取对应的 N 点（3≤N≤9），点击"应用"—"确定"。如图 2-66 所示。

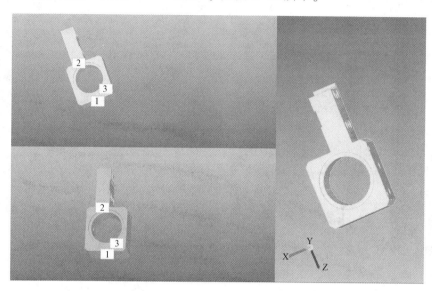

图 2-66 最佳拟合对齐

（3）在模型文件上构造 3 个平面特征，选择方式"CAD"，3 个平面选完后点击"确定"，如图 2-67 所示。

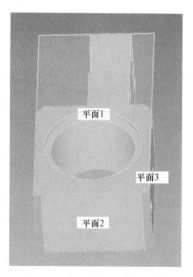

图 2-67 构造平面特征

（4）将上步骤构造出来的平面特征分别进行"抽取"，一般情况下使用默认参数（用户可以根据实际情况进行自定义），点击"确定"，将 3 个平面依次抽取出来。如图 2-68 所示。

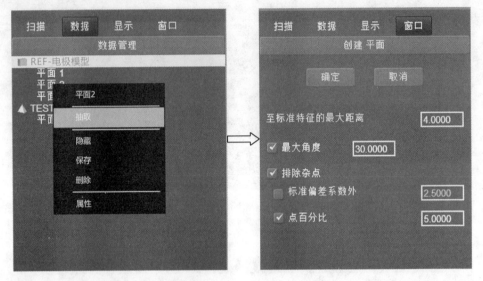

图 2-68　平面抽取

特征抽取一般在"对齐"操作之后，若"对齐"后数据的偏差太大，可能影响抽取效果，应根据实际情况调整各个参数。

2.3.9　对齐操作

对齐是指将两组不同的数据通过刚性变换统一到同一坐标系中的过程。这里介绍的所有对齐都属于刚性变换，刚性变换是指仅改变物体位置和朝向而不改变物体形状和大小的变换。常见的对齐方式包括：最佳拟合对齐、对齐到全局、特征对齐、N 点对齐、PLP 对齐和 RPS 对齐。

2.3.9.1　最佳拟合对齐

（1）选择需要对齐的文件数据，同时打开相对应的模型数据，鼠标右击文件选择"设置 Test"，右击模型文件选择"设置 Reference"，如图 2-69 所示。

（2）点击"最佳拟合对齐"，将模型文件与文件位置分别选取对应的参考和测试 N 点（3≤N≤9），点击"应用"—"确定"。如图 2-70 所示。

拟合结果可用于后续的 3D 比较等。

2.3.9.2　对齐到全局

（1）选择需要对齐到全局的数据，构造 3 个平面特征（参考特征构造），构造完成后，点击"对齐到全局"。如图 2-71 所示。对齐到全局过程中，应避免构造平行（或重合）的平面特征。

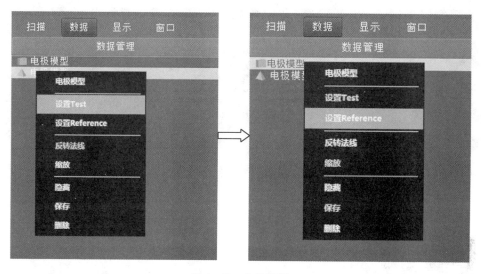

图 2-69 文件设置

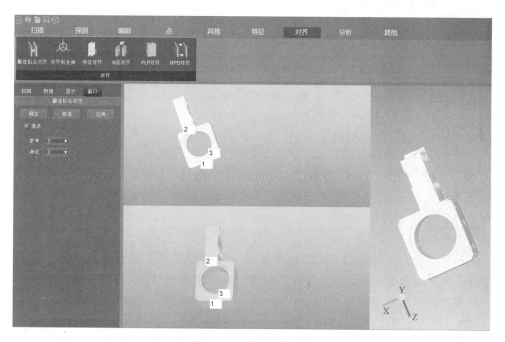

图 2-70 最佳拟合对齐

（2）分别选中与 XY 平面、XZ 平面、YZ 平面——对应的平面 1、平面 2、平面 3，点击"创建对"—"确定"，最后运行数据对齐到全局，如图 2-72 所示。

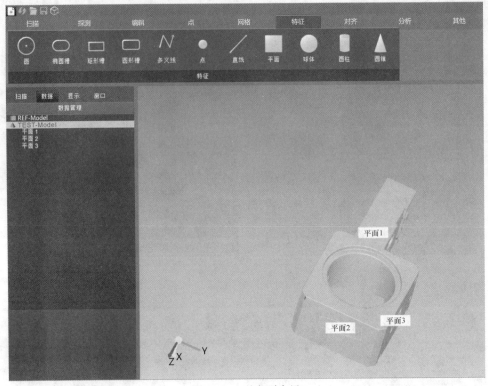

图 2-71 对齐到全局

2.3.9.3 特征对齐

特征抽取（抽取方式详见 2.3.8.2 特征抽取）完成后，点击"对齐—特征对齐"，点击"自动"—"确定"，完成特征对齐。也可点击"创建对""参考"与"测试"一一对应，选择对应特征的优先级来完成特征对齐。如图 2-73 所示。

2.3.9.4 N 点对齐

选择需要对齐的数据，同时打开相对应的模型数据，鼠标分别右击"设置 Test"和"设置 Reference"，点击"对齐"—"N 点对齐"，分别在模型文件以及网格文件点击 3 个参考点和 3 个测试点，点击"确定"。如图 2-74 所示。

2.3.9.5 PLP 对齐

选择需要对齐的数据，同时打开相对应的模型数据，鼠标分别右击"设置 Test"和"设置 Reference"，点击"对齐"—"PLP 对齐"。PLP 对齐是一种根据特征平面、直线、点将两组数据统一到同一坐标系下的对齐方法，在使用该方法之前，需在两种数据中对应位置分别构造平面、直线、点的特征。特征构造完成后，点击"应用"—"确定"。PLP 对齐效果如图 2-75 所示。

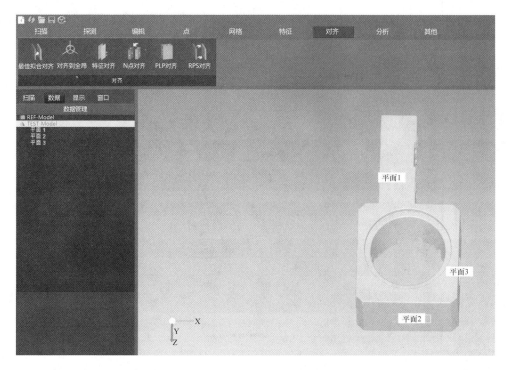

图 2-72 对齐到全局界面

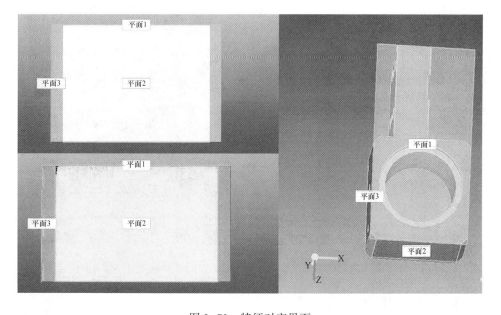

图 2-73 特征对齐界面

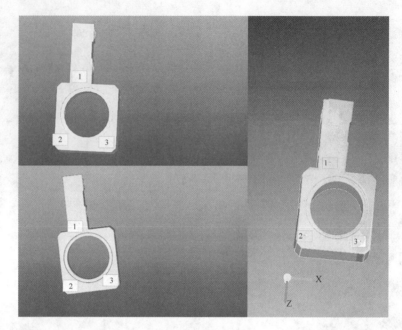

图 2-74 N 点对齐

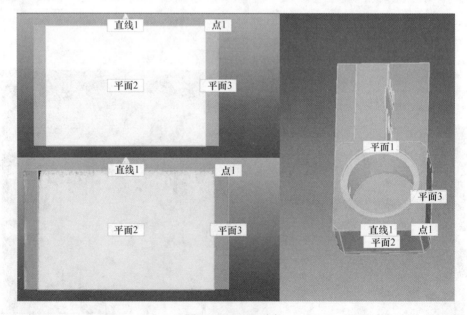

图 2-75 PLP 对齐

2.3.9.6 RPS 对齐

选择需要对齐的数据，同时打开相对应的模型数据，鼠标分别右击"设置

Test"和"设置 Reference",点击"对齐"—"RPS 对齐"。RPS 对齐是一种根据参考点将两组数据统一到同一坐标系下的对齐方法,在使用该方法之前,需在两种数据中对应位置分别构造两组不同的特征。特征构造完后,点击"自动"—"应用"—"确定"。RPS 对齐界面如图 2-76 所示。

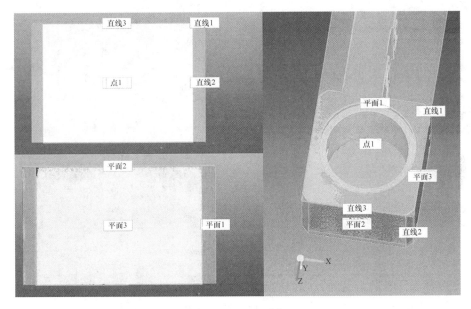

图 2-76　RPS 对齐

2.3.10　分析操作

"分析"部分主要包括测量、角度、截面、3D 比较、GD&T 等 5 个应用方式。

2.3.10.1　测量

在测量特征之间的距离时,以第二个特征为主特征,圆退化为圆心,圆槽、椭圆槽、矩形槽将退化为中心点,球退化为球心,圆柱、圆锥将退化为轴线。距离最终将转化为点到点距离,点到线距离、点到面距离 3 种方式其中的一种。

选择需要测量的数据,构造完所需测量的特征(详见特征构造)后,即可测量特征之间的距离,以测量特征圆的圆心到圆心的距离为例进行说明:

点击"距离",分别选中"圆 1""圆 2",即可测量出两圆心之间的空间距离。如图 2-77 所示。

2.3.10.2　角度

在测量特征(平面与平面)之间的角度时,圆柱、圆锥退化为轴线,圆、圆槽、椭圆槽、矩形槽则取对应的平面。

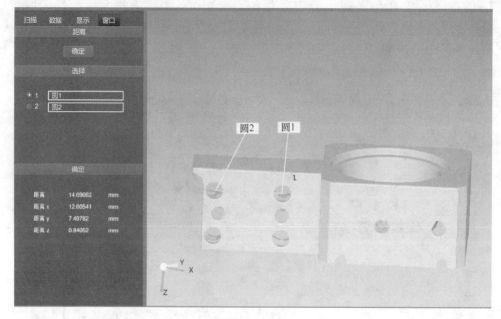

图 2-77 距离测量

选择需要测量角度的数据，构造完所需特征（详见特征构造）后，即可测量特征之间的角度。以测量特征直线到平面的角度为例进行说明：

点击"角度"，分别选中"平面 1"和"直线 1"，即可测量出该平面与直线之间的角度。如图 2-78 所示。

2.3.10.3 截面

创建点云、网格、CAD 数据的横截面时，平面截取数模数据、网格数据得到截面线，平面截取扫描数据得到点云。截面数据同其他扫描数据一样，可进行特征拟合、特征测量和 GD&T 的检测。

（1）截面方式：对象和选择平面。对象，即交互式划线作为截取平面；选择平面，即选择已构造的平面作为截取平面。

（2）厚度：仅在平面截取点云时有效，即距离在厚度范围内的点被认为是在平面上而最终输出。

（3）位置度：指截取平面沿法向的上下平移，正数沿法向向上，负数沿法向向下。

打开网格文件，选择所需要的数据，点击"截面"后，在 3D 视图中勾绘出截面，再点击"计算"—"确定"即可查看截面数据。如图 2-79 所示。

2.3.10.4 3D 比较

3D 比较通过生成一个不同颜色来表示 Test 数据和 Reference 数据之间的偏差

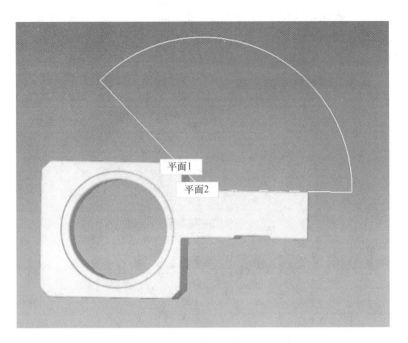

图 2-78 角度测量

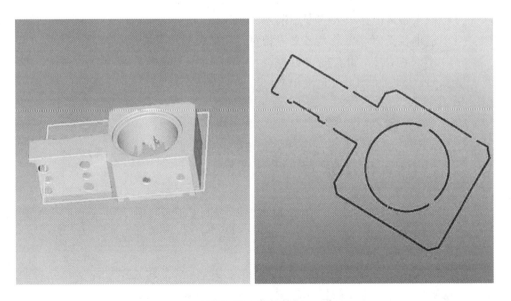

图 2-79 截面数据

图,这个偏差图定义为色谱图(色差图)。偏差存在正负,色谱图里的颜色值从蓝色演变到绿色到红色。蓝色表示测量的曲面低于 Reference 曲面。如果测量数据显示为红色，则表示该数据位于 Reference 面之上。偏差的计算采用的是最近点原则。

如图 2-80 所示，色谱偏差主要包括颜色段、最大偏差值、最小偏差值、最大名义值、最小名义值和小数位数。

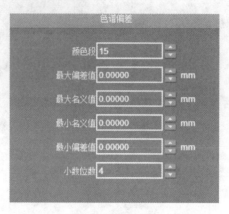

图 2-80　色谱偏差

（1）最大偏差值：允许的最大偏差，超过即为偏差。

（2）最小偏差值：与最大偏差相对，一般取最大偏差的相反数。

（3）最大名义值：最大的理想偏差。

（4）最小名义值：与最大名义值相对，一般取最大名义值的相反数。

数据对齐完成后，如需进行数据分析，可点击"分析"—"3D 比较"，输入"最大偏差值"和"最大名义值"，点击"应用"—"确定"，3D 比较结束。如图 2-81 所示。

2.3.10.5　创建注释

3D 比较完成后，点击"创建注释"，可以查看部分"偏差注释"，点击"确定"，即可看到左框中"新建视图 1"。如图 2-82 所示。

2.3.10.6　创建报告

创建注释完成后，点击"创建报告"，在弹出对话框中填写相关报告信息后，点击"保存"，以 .pdf 格式文件进行保存。如图 2-83 所示。

2.3.10.7　GD&T

GD&T，即形位公差，包括形状公差和位置公差。形状公差，即单一实际要素的形状所允许的变动量，有圆度、直线度、平面度、圆柱度、球度等。位置公差，即关联实际被测要素对具有确定方向的理想被测要素的偏差，位置公差带是关联实际被测要素允许变动的区域，有平行度、垂直度、同轴度等。

GD&T 的检测建立在拟合特征的基础之上。形状公差只和拟合特征以及拟合

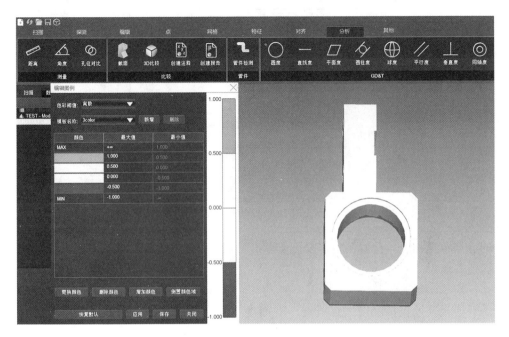

图 2-81 3D 比较

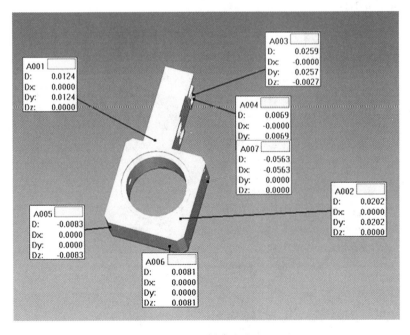

图 2-82 创建注释

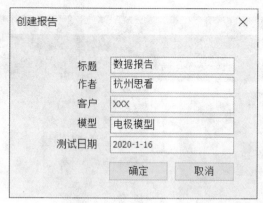

图 2-83　创建报告

的点云数据相关。位置公差需要设置基准特征，基准特征可以通过任意构造方式构造。

A　形状公差

形状公差包括圆度、直线度、平面度、圆柱度、球度。以圆度的形状公差为例：

（1）以截面数据为例，先拟合一个"圆"特征，点击"创建"—"确定"。如图 2-84 所示；

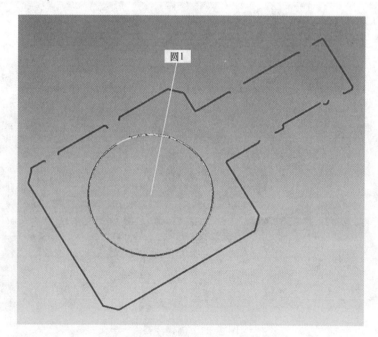

图 2-84　拟合特征"圆"

（2）点击"圆度"，在对象处点击"圆1"—"应用"，显示圆度偏差，点击"确定""圆度"分析完成。如图2-85所示。

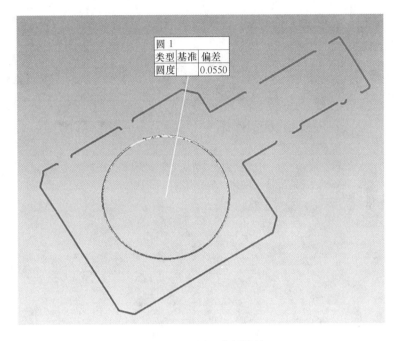

图2-85　"圆度"分析结果

B　位置公差

位置公差包括平行度、垂直度、同轴度等。以下以两平面的平行度公差为例：

（1）首先拟合两个"平面"特征（参考特征构造，如已存在拟合平面，此步骤可跳过），点击"确定"。如图2-86所示；

图2-86　平面特征拟合完成

（2）点击"平行度"，选择对象"平面"及基准"平面"，点击"应用"，即可显示平行度公差大小。如图 2-87 所示。

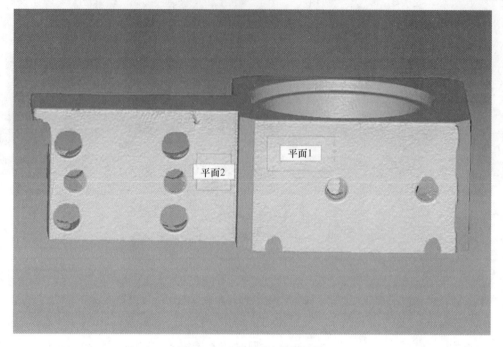

图 2-87　"平行度"分析结果

2.3.11　管件检测

管件检测主要针对弯管机弯制的管道，通过扫描仪获取表面点云数据后，输入对应的弯管参数，可以自动计算得到相关弯管参数，可用来逆向工程和检测比对。

（1）交点坐标 XYZ 数据：包括两端点和相邻两直管段的交点；

（2）切点坐标 XYZ 数据：将交点坐标 XYZ 数据中的交点替换为对应的两个切点；

（3）YBC 数据：也称为 LRA 数据，弯管机的进给长度，旋转角度（有正负之分），弯曲角度，弯管机控制系统以 Y 轴、B 轴、C 轴及 X 轴为控制对象，实现数字化控制；

（4）多义线：交点坐标 XYZ 顺次连接的中心线，为交点多义线（简称多义线）。除特别说明外，管件检测提及的 XYZ 均为交点坐标。

2.3.11.1　参数构造

参数构造方式主要分为 XYZ 构造法（此处 XYZ 构造指交点坐标 XYZ）和YBC 构造法。

A XYZ 构造法

选择"输入 xyz 数据",可输入新建模型名称以及管件 XYZ 对应的参数,如管件半径、弯曲半径、直管段数,点击"输入数据",在弹出窗口中,可双击激活编辑框手动输入管件各点的数据(使用 Tab 键切换输入),也可选择"读取数据"输入各点数据,点击"完成"即可构造管件模型。如图 2-88 所示。

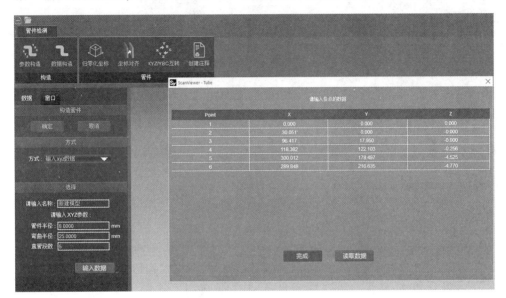

图 2-88 XYZ 构造法

B YBC 构造法

选择"输入 YBC 数据",其余操作如"XYZ 构造法",请参考"A XYZ 构造法"的内容。

2.3.11.2 数据构造(逆向)

数据构造(逆向)即通过数据逆向构造出管件模型。数据构造根据文件格式不同构造的操作方式不同。主要分为激光点云数据、工程数据、网格数据以及模型数据。

A 激光点云数据

选择激光点云数据,进入"构造管件"功能区,选用点云上的一点作为构造管件的起始点(最好选择管件首末端的边缘点),输入管件对应的参数,如管件半径、弯曲半径、直管段数,最大公垂线误差一般默认,点击"构造"——"确定",完成激光点云数据构造。如图 2-89 所示。

子方式选自动构造时,点击"构造"即可进行最佳拟合构造管件;子方式选手动构造时,用户需手动根据管件半径、弯曲半径以及直管段数分组点云,选

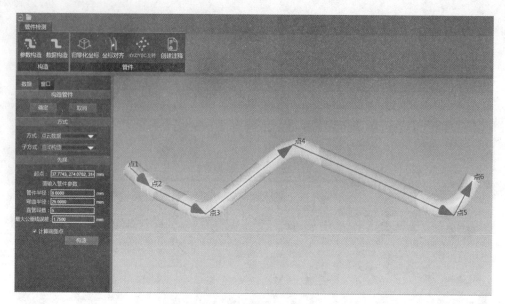

图 2-89 "激光点云数据"构造

中激光点云数据，点击"标记点云"—"下一个"，依次选中下一分组，当分组点云数达到直管段数时，点击"构造"进行最佳拟合构造管件，拟合过程可勾选是否计算端面点。计算端面点要求数据端面上必须有数据，否则拟合失败。

数据构造出管件模型后，选中后点击"创建注释"，生成管件参数报告，在"创建报告"功能栏下可勾选管件报告中需要输出的内容（如管件信息、弯曲交点、弯曲切点以及弯曲元素），可输入模型名称、生成日期、创建作者、备注等显示信息，点击"创建报告"可生成管件报告。如图2-90所示。

B　工程数据和网格数据

选择网格数据、工程数据，进入"构造管件"功能，构造流程如激光点云数据，参考"A　激光点云数据"的内容。

C　模型数据

选择模型数据，进入"数据构造"功能，点击"识别"即可自动识别出模型数据上的管件参数。如图2-91所示。

2.3.11.3　归零化坐标

将弯管数据转化到弯管机坐标系，由前两直管段确定。

选择管件模型数据，进入"归零化坐标"功能，点击"应用"—"确定"保存并覆盖本次对齐数据，点击"取消"还原对齐操作。归零化坐标前后对比如图2-92所示。

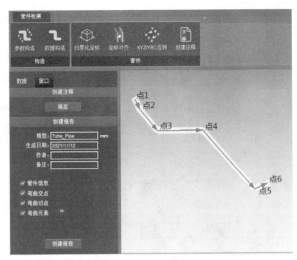

图 2-90 单个模型创建注释

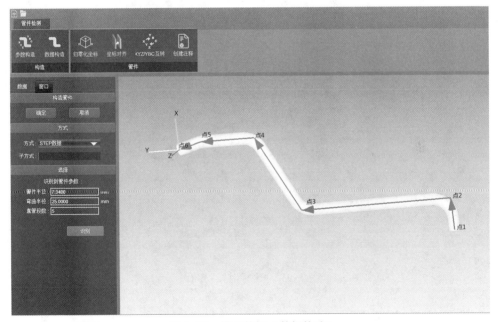

图 2-91 模型数据"数据构造"

2.3.11.4 坐标对齐

将待检测的弯管数据统一到参考弯管数据（一般模型数据）的坐标系下，两组数据必须构造出多义线，且分别设置为"Test"和"Reference"，点击"坐标对齐"—"应用"，（根据实际情况勾选"端点参与对齐"）点击"应用"，完成"坐标对齐"。如图 2-93 所示。

图 2-92 归零化坐标对比界面

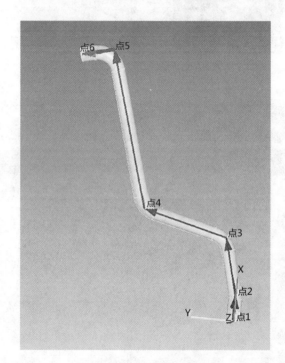

图 2-93 "坐标对齐"界面

2.3.11.5 XYZ/YBC 互转

"对象"栏显示当前所有数据中的管件模型数据,"管件长度"栏显示当前选中的管件模型的管件长度;方式分为"XYZ 转 YBC"、"YBC 转 XYZ",使得管件数据在 XYZ 数据值和 YBC 数据值中切换显示,最后点击"保存至文件",将转化后的数据保存至 TXT 文件。如图 2-94 所示。

2.3.11.6 管件检测功能面板

关于管件检测功能面板说明及描述详见表 2-14。

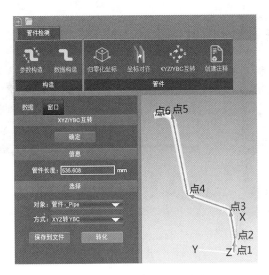

图 2-94 XYZ/YBC 互转界面

表 2-14 管件检测功能面板界面

管件检测功能界面	说明及描述
	"管件 1"：当前数据的名称
	显示/隐藏：单击切换数据是否显示
	删除：从目录树中删去该数据
	反向多义线：若该数据存在多义线，则反向多义线方向
	保存多义线：若该数据存在多义线，则保存多义线数据，可选择另存为 .txt 文件或 .iges 文件
	保存模型：若该数据是构造后的管件模型，则保存管件模型至 .step 文件
	设置/清除 Reference：将该模型数据设置为参考数据或取消参考数据标识
	设置/清除 Test：将该模型数据设置为测试数据或取消测试数据标识

2.3.11.7 管件检测

管件检测步骤如下：

（1）点击"管件检测"，勾选数据后点击"进入管件检测模块"，跳转到管件检测软件界面，点击"是"，打开相对应管件的模型文件。如图 2-95 所示。

（2）由于"管件检测"软件没有删除数据功能，软件导入的工程文件需将管件弯曲部分删除。如图 2-96 所示。

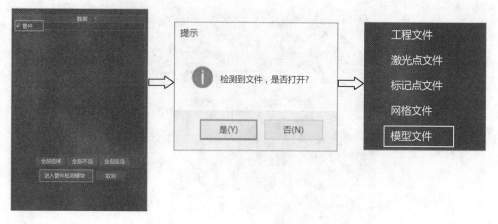

图 2-95 进入管件步骤

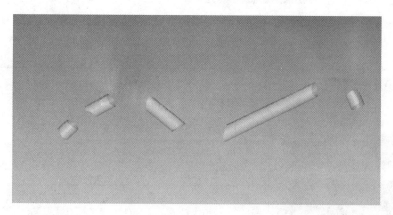

图 2-96 "管件"工程文件

（3）在管件工程文件，点击"数据构造"—"管件起点"，输入管件半径、弯曲半径、直管段数（该三种数据为已知值）。点击"构造"—"确定"，如图2-97所示。构造完数据可以创建注释并进行保存，详见数据构造（逆向）。

（4）打开该管件的模型文件，点击"数据构造"—"识别"—"确定"，完成管件模型文件的数据构造。如图2-98所示。

（5）将工程文件构造出来的管件"设置Test"，模型文件的管件"设置Reference"，注意：两种文件多义线方向需一致，如不一致鼠标右键单击管件模型，点击"反向多义线"，如图2-99所示。

（6）点击"坐标对齐"，点击"应用"—"确定"，完成坐标对齐，点击"创建注释"，输入名称、上公差以及下公差，点击"应用所有"，结果如图2-100所示。绿色部分表示管件工程文件与模型文件对齐在规定的公差范围内，

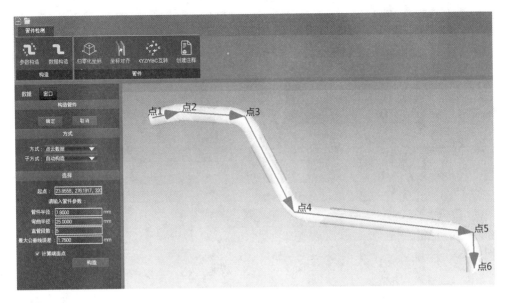

图 2-97　管件"工程文件"构造结果

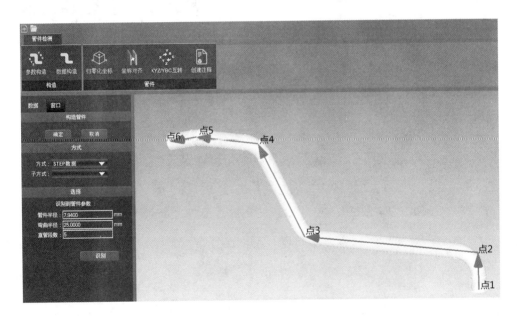

图 2-98　管件"模型文件"构造结果

红色部分表示管件对齐的数据超出公差范围。如图 2-100 所示。

最后点击"创建报告"，即可将此管件数据以 .pdf 文件格式保存。

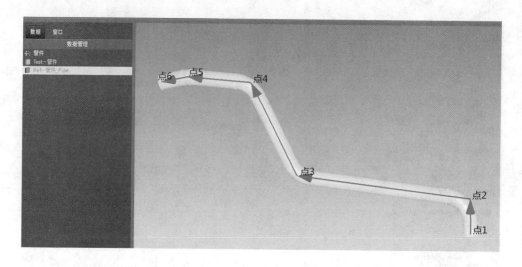

图 2-99 设置结果

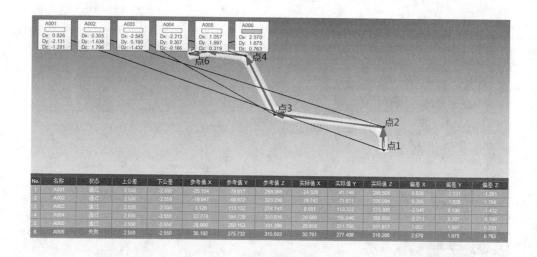

No.	名称	状态	上公差	下公差	参考值 X	参考值 Y	参考值 Z	实际值 X	实际值 Y	实际值 Z	偏差 X	偏差 Y	偏差 Z
1	A001	通过	2.550	-2.550	-25.154	-79.617	268.066	-24.328	-81.749	286.805	0.826	-2.131	-1.281
2	A002	通过	2.550	-2.550	-19.047	-69.972	323.298	-18.742	-71.611	325.094	0.305	-1.638	1.796
3	A003	通过	2.550	-2.550	3.126	113.132	274.741	0.581	113.322	273.309	-2.545	0.190	-1.432
4	A004	通过	2.550	-2.550	22.774	184.739	350.816	20.560	185.046	350.650	-2.213	0.307	-0.166
5	A005	通过	2.550	-2.550	28.900	250.153	331.298	29.958	251.750	331.617	1.057	1.597	0.319
6	A006	失败	2.550	-2.550	30.192	275.732	315.502	32.761	277.408	316.266	2.570	1.675	0.763

图 2-100 注释结果

2.3.12 探测

探测主要包括光笔编号、探针编号、光笔、特征 4 个应用部分,关于光笔编号以及探针编号管理主要在标定软件中体现,下面主要介绍光笔(标定)及特征应用。

2.3.12.1 标定

光笔标定是光笔打点的必要步骤，通过标定可以得到光笔探针的正确位置从而在探测特征时得到准确的特征信息。标定界面如图 2-101 所示。

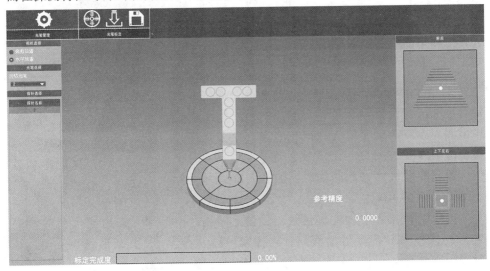

图 2-101 标定界面

A 光笔管理

光笔管理中可以获取已有的光笔名称和光笔标记点半径，同时可以添加和删除探针；标定的触点坐标也在光笔管理中体现。界面如图 2-102 所示。

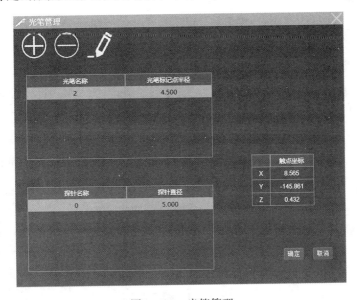

图 2-102 光笔管理

B 开始标定

（1）点击"开始标定" 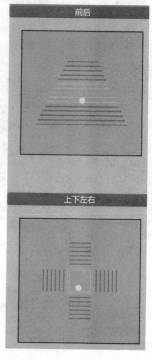，开启扫描仪，获取光笔位置；移动光笔或者校准块位置使其前后、上下左右位置都进入绿色区域（图2-103），该位置为标定起始的正确位置。

（2）移动光笔或校准台到绿色区域后，点击"接收数据"或者短按圆形按钮，即可进行标定。标定时校准块与设备需保持相对静止状态，标定过程中沿四周方向转动光笔（保证光笔标记点在扫描仪视野范围内），右上方圆盘会颜色逐步变绿，同时下方标定完成度进度条不断加载，加载完成后弹出标定结束（图2-104）。

发生以下情况时：1）校准块与设备之间相对位置发生变化；2）光笔红宝石探针未拧紧；3）标定过程中红宝石探针未完全嵌入在校准块内；4）设备精度过低或者长时间未标定，有可能会引起光笔标定失败。

图2-103 标定起始位置

（3）点击"结束标定"，把标定结果自动保存在文件中，为后续光笔探测使用。

图2-104 标定结束

2.3.12.2 特征

使用光笔结合扫描仪，逐个点探测获取被测物体表面点测量值，拟合得到特征元素。可进行圆、椭圆槽、点、平面、球体、圆柱6种特征探测。下面主要介绍圆和球体的特征探测。

A "圆"特征探测

点击"圆"按钮进入探测界面，在未进行探测时，点击"确定"，可退出探测模式；约束平面方式包含"探测局部平面"和"使用平面特征"两种方式，补偿方式包含"从测头方向""内部孔"以及"外部"3种方式。探测约束平面和补偿方式固定点数至少3个点，同时可以勾选固定点数。点击"开始探测"，进入探测界面，启动扫描仪，光笔在扫描仪视野内时，按下光笔圆形按钮，得到一个探测点，当达到探测点量最小要求值时，点击"结束探测"或长按光笔方形按钮进行结束探测。最终得到拟合出特征圆（图2-105）。

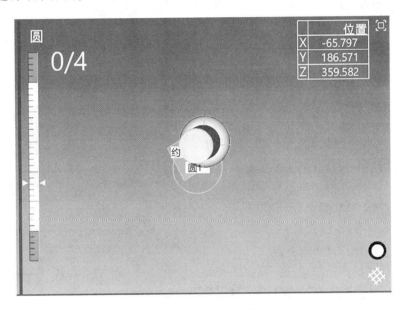

图2-105 "圆"特征探测 I

结束探测后，在左侧目录树中可以得到探测的圆特征，右键选中特征可以查看特征属性。如图2-106所示。

最终可查看探测特征"圆"属性，如图2-107所示。

B "球体"特征探测

点击"球体"按钮进入探测界面，在未进行探测时，点击"确定"，可退出探测模式；补偿方式包含"从测头方向""内部（凹槽）"以及"外部"3种方式。固定点数至少4个点，同时可以勾选固定点数。点击"开始探测"，进入探

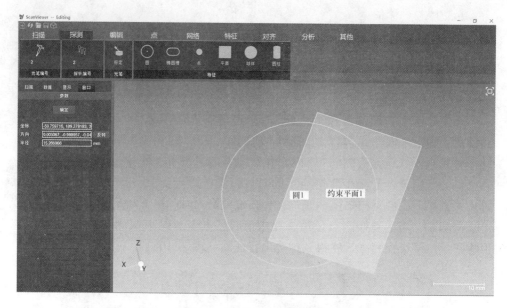

图 2-106 "圆"特征探测 Ⅱ

测界面，启动扫描仪，光笔在扫描仪视野内时，按下光笔圆形按钮，得到一个探测点，当达到探测点量最小要求值时，点击"结束探测"或按光笔方形按钮进行结束探测。最终得到拟合出特征球体（图 2-108）。

查看探测特征属性同"圆"特征探测操作方式。

进行"椭圆槽"特征探测，如"每段圆弧固定点数"固定为 3 时，打点位置最好为圆弧起始、中间以及末端，打点效果最佳。

图 2-107 "圆"特征探测 Ⅲ

2.3.13 孔

孔扫描模式是通过获取钣金件孔的图像灰度直接获取孔信息，其精度高，稳定性好，在扫描孔占很大优势，大大提高效率。以下主要介绍孔扫描模式操作方法。

（1）选择扫描控制的"激光面片"，点击"开始"，对扫描孔的工件进行激光面片扫描，扫描完成后，点击"暂停"，删除工件外多余的面片。如图 2-109 所示。

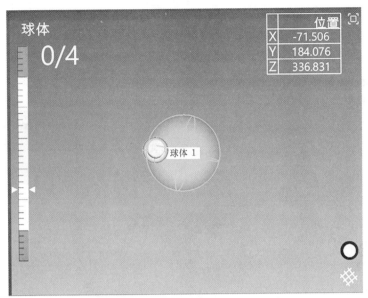

图2-108 "球体"特征探测

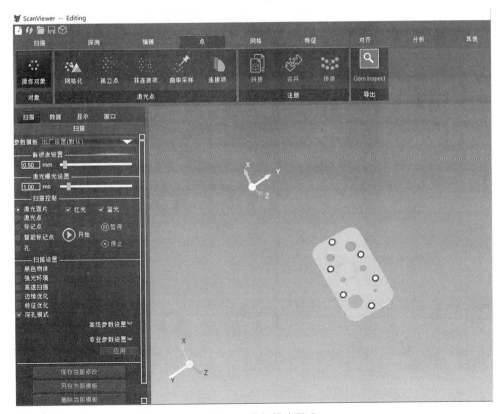

图2-109 孔扫描步骤Ⅰ

（2）点击"孔"—"开始"，对工件孔进行扫描，工件中孔位置全部显示绿色即可（图2-110）。

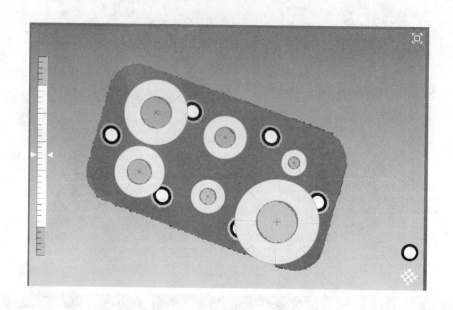

图2-110 孔扫描步骤Ⅱ

（3）数据扫完后，点击"停止"—"数据"，右击属性，可查看孔位坐标、方向、半径等属性，如图2-111所示。

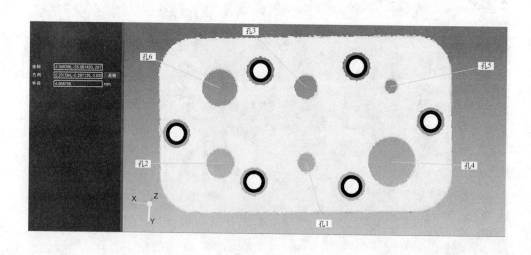

图2-111 孔属性

2.4 维修场所和环境三维数据高效采集

虚拟训练场景数据采集采用无人机搭载多台传感器进行倾斜摄影的方式获得，并采用专用的数据处理和建模软件实现场景的实时重构。

（1）立体影像即倾斜摄影：一定倾斜角的航拍摄像机所获取的影像，通过在同一飞行平台上搭载多台传感器，同时从垂直、倾斜等不同角度采集影像，获取地面物体更为完整准确的信息。数据成果包括倾斜影像、三维模型、GIS 数据等信息。

（2）顶点云技术：使用无人机加装倾斜摄影设备，在训练场景上空进行多次 U 字型飞行，可快速将采集到的数据转换成三维模型数据。采用 50m 高度巡航、2cm 精度数据采集，可制作出高精的场景。采集后的数据，经过预处理可生成通用的数据格式，同时也可根据需要对局部进行手工处理，避免关键部位数据匹配不好的问题。

无人机实物效果如图 2-112 所示。无人机加装的倾斜摄影设备五镜头相机，如图 2-113 所示。

图 2-112 无人机实物图

图 2-113 五镜头相机

无人机加装倾斜摄影设备进行数据采集，效果如图2-114所示。

图2-114 倾斜摄影获取信息示意图

使用无人机加装倾斜摄影设备，在训练场景上空进行多次U字型飞行的航线效果如图2-115所示（注：实际航线会随作业当天风向做航向改动）。

图2-115 U字型飞行航线效果图

采集到的影像数据如图2-116及图2-117所示。

采集到的影像数据经过预处理生成三维仿真软件平台支持的数据格式，进一步生成三维场景。效果如图2-118及图2-119所示。

图 2-116 正拍影像与倾斜影像对比效果图

图 2-117 同一地物四个侧面倾斜影像对比图

图 2-118 顶点云建模效果Ⅰ

图 2-119 顶点云建模效果Ⅱ

第3章 基于逆向工程软件的三维重构

3.1 常用逆向工程软件

专业的逆向工程软件作为逆向工程技术的重要组成部分，其发展也很迅速。目前，市场上的专业逆向建模软件有数十种，其逆向建模方法各有不同。较具有代表性的有 EDS 公司的 Imageware，Raindrop Geomagic 公司的 Geomagic，Paraform 公司的 Paraform，DELCAM 公司的 CopyCAD 软件，MDTV 公司的 Surface Reconstruction 以及 INUS Technology 公司的 RapidForm 等。

3.1.1 Geomagic Design X

Geomagic Design X 为 3D Systems 公司（于 2013 年收购了 Geomagic 公司）旗下产品，其前身 RapidForm 是韩国 INUS 公司出品的全球四大逆向工程软件之一。该软件提供了新一代运算模式，可实时将点云数据运算出无接缝的多边形曲面，使它成为 3D Scan 后处理的最佳化接口，并能创建可编辑的、基于特征的实体数模，与各种主流 MCAD（微软认证）软件兼容。随着逆向技术的发展和逐渐普及，Geomagic Design X 强大的功能和方便的操作被越来越多的用户认可并使用。

Geomagic Design X 提供了一个全新的又为大家所熟悉的建模过程，它不仅支持所有逆向工程的工作流程，而且创建模型的设计界面和过程与主流 CAD 应用程序中的很相似。用 SolidWorks、CATIA、Creo（Pro/E）或 Siemens NX 等进行设计工作的工程师，可以直接使用 Geomagic Design X 进行建模设计，其设计过程采用了常见的 CAD 建模功能与步骤，例如拉伸、旋转、扫描、放样等。基于 Geomagic Design X 的正逆向混合建模，用户可以直接将点云扫描或导入至软件中编辑处理，然后用丰富的工具命令从 3D 扫描数据中提取设计参数，再结合正向建模快速创建和编辑实体模型。Geomagic Design X 不仅拥有参数化实体建模的能力，还拥有 NURBS 曲面拟合能力，能够利用这两种能力共同创建有自由曲面特征的 CAD 模型。

Geomagic 公司另一款正逆向混合设计的软件 Geomagic Design Direct，是基于直接建模技术的正逆向混合设计软件，通过计算并提取三角网格面模型中不同区域的曲率、法矢方向等参数，拟合得到相应的三维规则实体持征。逆向建模软件 Geomagic Studio 是对三角网格面模型按几何特征划分，分别拟合得到相应的三维曲面特征，最终重构得到的是曲面模型。相对于曲面模型，实体模型能完整、严密地表达模型的三维形状。若要对 Geomagic Studio 得到的模型进行再设计，就必须将曲面模型传送至正向软件中编辑修改。与它们相比，Geomagic Design X 正逆向建模软件是一款参数化设计的逆向工程软件，具有强大的点云和三角面片处理功能，混合了实体和曲面建模功能，能够快速创建原始模型，并可以保证模型精度，还可以在重构模型的基础上直接做正向再设计。另外，对于实物特征有损坏或扫描数据不完整的情况，该软件也能重构得到产品完整的 CAD 模型。

3.1.2 Imageware

Imageware 是著名的逆向工程软件，广泛应用于汽车、航空、家电、模具和计算机零部件等领域。Imageware 作为 UG 中专门为逆向工程设计的模块，具有强大的测量数据处理、曲面造型和误差检测的功能。可以处理几万至几百万的点云数据，根据这些数据构造的 A 级曲面具有良好的品质和连续性。其模型检测功能可以方便、直接地显示所构造的曲面模型与实际测量数据之间的误差以及平面度、圆度等几何公差。该软件拥有广大的用户群，国外有 BMW、Boeing、GM、Chrysler、Ford、raytheon、Toyota 等著名国际大公司，国内则有上海大众、上海交大、上海 DELPHI、成都飞机制造公司等大企业。

3.1.3 CopyCAD

CopyCAD 是英国 DELCAM 公司的产品，是一个功能强大的"逆向工程"系统。利用 CopyCAD，用户可以快速编辑数字化数据，可进行增加、减少、删除、移动、补偿等点操作，并能做出高质量的、复杂的表面。CopyCAD 能完全控制表面边界的选择，自动形成符合规定公差的平滑、多面块曲面，还能保证相邻表面之间相切的连续性。能够作表面质量验证，比较曲面和点数据、色差图、文本报表、面轮廓度。

其应用范围为从实物模型生成 CAD 模型，用于分析和工程应用；更新 CAD 模型以反映对现有零部件或样品的修改情况；将过去的模型存入 CAD 文件中，收集数据用于计算机显示和动画制作。

3.1.4 Surface Reconstruction

Surface Reconstruction 软件是法国 MDTV 公司的产品，它可以接收大到超过一百万的点云数据，并可对点云进行检测和编辑；采用交互式方法自动生成特性曲线；自动识别特征、棱边、过渡面等；自动生成曲面，并对重建曲面模型进行精度检测和质量评估。Surface Reconstruction 能与 Euclid 和 STRIM 集成。

此外，一些 CAD/CAM 系统，如美国 PTC 公司的 Pro/Engineer、德国 Siemens PLM 旗下的 NX 以及法国达索公司的 CATIA 和 Solidworks office premium 等在其系统中也集成了可实现逆向三维造型设计的模块，但与专业的逆向设计软件比较，在功能上有较大局限性。

Geomagic for SolidWorks 插件是 3D Systems 公司发布的一款从 3D 扫描到 SolidWorks 的逆向插件，可以无缝运行，专门针对工业设计师和工程师的问题解决方案的工具。它可以实现直接在 SolidWorks 环境中快速、准确地处理 3D 扫描数据。通过简化的数字工作流程创建基于特征的实体和表面数据，进而节省了大量将 3D 扫描数据转化成可供 SolidWorks 编辑模型的时间。与其花费数天或数周重建 CAD 数据，用户可以扫描物体到 SolidWorks 模型，数据将在几分钟内完成数模创建。Geomagic for SolidWorks 支持直接扫描输入一系列三维扫描仪，包括来自 FARO、六边形、尼康、Creaform 扫描仪。

3.2 基于 Geomagic Design X 的三维模型重构

Geomagic Design X 作为一款正逆向建模软件，它具有逆向建模软件的采集原始扫描数据并进行预处理的功能，还具有正向建模软件的正向设计功能，并且可以直接由扫描设备得到的 3D 扫描数据创建完全参数化的 CAD 模型，这些设计参数也是可以自由修改的。在实物样品的特征有部分损坏或扫描数据不完整的情况下，Geomagic Design X 也能够提取到模型的设计意图和设计参数，重构得到产品的完整 CAD 模型。在重建 CAD 模型时，该软件还可以实时查询模型曲面的误差，节省了逆向设计过程的时间。据参考资料，Geomagic Design X 逆向建模方式与传统曲面拟合方式相比节省了 80% 的时间。另外，在获取现有模型的设计参数后，如果要在其基础上进行改进设计或创新设计，该软件也具有极大的自由度和灵活性。

逆向和正向建模方法在重建产品的 CAD 模型时各有长处，逆向建模的优势在于对原始测量数据的强大处理功能和曲面重建功能；正向建模的优势在于特征造型和实体造型功能，对几何特征的编辑修改比较方便。Geomagic Design X 正逆向混合建模的基本流程如图 3-1 所示。Geomagic Design X 正逆向建模软件融合了正逆向建模方法的长处。该软件可以对 3D 扫描数据进行优化处理并创建三角面片，能通过领域分割自动识别三维规则特征如二次曲面（平面、球面、圆柱面和圆锥面）等，能通过面片草图用截面从面片模型中截取平面草图并做相应编辑，再利用拉伸、旋料、扫描和放样等正向设计的工具对规则结构进行重建，利用曲面拟合等工具对复杂曲面进行重建。

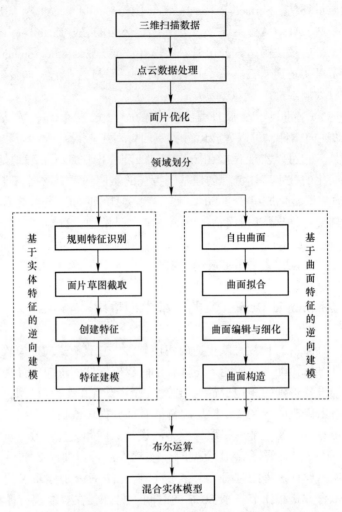

图 3-1 Geomagic Design X 正逆向混合建模基本流程

（1）基于实体特征的逆向建模。Geomagic Design X 软件基于实体特征的逆向建模首先利用点云数据创建三角形网格面片，利用软件中的工具提取断面轮廓或 3D 曲线，提取模型的原设计参数加以修改，再结合正向建模工具创建三维特征，最后利用布尔运算剪切或合并特征得到参数化的三维模型。该方法主要步骤有点云处理、面片处理、领域分割、坐标对齐和创建实体模型。

（2）基于曲面特征的逆向建模。Geomagic Design X 软件基于曲面特征的逆向建模是利用点云数据创建面片，利用软件中的曲面拟合等工具或手动方式创建曲面，再将各个曲面剪切缝合得到完整的曲面模型。该方法的主要步骤有点云处理、面片处理、领域分割、坐标对齐和曲面创建。

3.2.1 点云数据处理

点云是由一组三维坐标点组成的有代表性的数据类型。每一个点都被定义了X、Y、Z坐标值，并且对应了其在物体曲面上的位置。在计算机中可直接看到点云，但是多数 3D 软件中都不能直接使用。点云通常需要经过面片建模、逆向设计等过程将其转化为面片模型。

在 Geomagic Design X 重构中，首先要对点云进行处理。点云数据的处理结果会直接影响后续建模的质量。在数据的采集中，由于环境等随机因素或工作人员经验等人为的原因，会引起数据的误差，使点云数据包含杂点，造成被测物体模型重构曲面的不理想，从光顺性和精度等方面影响建模质量，因此需在三维模型重建前进行杂点消除。为了提高扫描精度，扫描的点云数据可能会很大，且其中会包括大量的冗余数据，应对数据进行采样精简处理。为了得到表面光顺的模型，应对点云进行平滑处理。由于模型比较复杂巨大，一次扫描不能全部扫到，就需要从多角度进行扫描，再对数据进行拼接结合处理以得到完整的点云模型数据。

Geomagic Design X 软件中对点云的处理包括点云的优化、编辑、合并/结合、单元化、向导等。其中点云的优化与合并/结合在点阶段使用比较频繁，特别是杂点消除、采样、平滑、合并/结合等命令。点云处理的主要步骤如图 3-2 所示。其中，点云采样主要是根据曲率比例、距离和许可公差来减少单元面数量，用于处理大规模点云或者删除点云中多余的点。可以采用统一的单元点比率减少单元点的数量。可以根据点云的曲率流采样点云，对于高曲率区域采样的单元点数将比低曲率区域的少，以保证曲率的精度。采样曲率是指指定的数值采样数据点，如果比率设置为 100%，采样全部选定的数据；如果设置为 50%，则使用选定数据的一半。

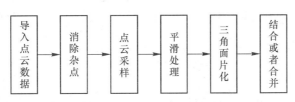

图 3-2 点云处理一般流程

所用的扫描仪决定了生成文件的类型。按点云内部结果可划分不同的点云类型。

（1）随机类型的点云。这种类型的点云包含的仅是随机位置的信息，点之间无关联；可以追加基本信息，如颜色和基准数据。一般来说，中性数据（ascii格式）或 CMM 数据属于这种类型。

（2）网格类型的点云。该类型的数据是从扫描仪获得的网格中提取的。点标记有 X-Y 指数，每个指数在扫描方向上都有一个深度。这种扫描数据的类型可以看作是使用投影方向和扫描位置的 2.5D 照片（照片+每个像素的距离）。一般结构较轻且扫描范围较大的扫描仪会生成这种类型的点云。将网格点云投影到扫描仪使用的平面坐标系、圆柱坐标系、球形坐标系中，可将其轻松地转换为面片。

（3）线性点云。一般来说，有臂式装置的激光扫描仪或手持式扫描仪会生成线性点云。这种设备每秒钟发射几十条射线，通过扫描追踪物体曲面来生成点云。点云的密度取决于线的方向与扫描的速度，因此对这些点云进行后期处理就很困难。

（4）带有法线的点云。法线是一个平面的垂直向量。在圆形曲面中，法线就是圆形曲面上某一位置的三角网格平面的垂直向量。如果点云有法线信息，对于一个模型的可视化来说非常有用。利用法线信息就可以通过分析某一点光线的入射角和反射角来对模型进行阴影处理。法线信息也可以用来判断曲面的正面和反面。特别是对于检测软件来说，精确地查找计算扫描数据和 CAD 数据之间的面组是非常重要的。如果点云没有法线信息，扫描数据将会是仅有一种颜色的一组点。使用这种扫描数据来工作和识别特征将会很困难。

通过"深度阴影"功能也可以看到没有法线信息的点云，但是效果没有带有法线信息的点云好。在视图方向关系上，近处的点为黑色，远处的点为灰色。虽然这种方式不能分辨出曲面的正面和反面，但是比没有阴影的显示方式在提取特征方面要强得多。

云中的每个点不只有三维坐标信息，还有红、绿、蓝颜色信息。Geomagic Design X 将此颜色信息作为纹理。带有颜色信息的点云可以创建逼真的视觉效果，并帮助用户识别复杂的特征。具有纹理的点云能够使后续工作流程效率更高、更轻松。

3.2.2　面片处理

面片是点云用多边形（一般是三角形）相互连接形成的网格，其实质是数据点与其邻近点的拓扑连接关系以三角形网格的形式反映出来。所以，面片是由一系列点、边、面组成的基于多面体的 3D 数字化数据。面片可以显示出物体的复杂曲面和结构形状，面片三角化是将三个点连接并构造曲面的过程。

点云数据面片化在逆向重建过程中是非常重要的一步，然而面片化的结果通常会出现很多的问题。由于点云数据的缺失、噪声、拓扑关系混乱、顶点数据误差等原因，转换后的而片会出现非流形、交叉、多余、反转的三角形以及孔洞等错误。生成的一些错误三角形有非流形三角形、多余三角形、交叉三角形和反转三角形等，要删除这些错误的三角形以提高面片的质量。另外初始得到的面片可能会出现孔和凸起等各种缺陷。这些错误严重影响面片数据的后续处理，如曲面重构、快速原型制作、有限元分析等，因此需要对面片进修复处理。根据局部面片的形状曲率使用单元面填补缺失孔，移除并修复面片中的凸起部分。

面皮处理工作是修复面片数据上错误网格，并通过平滑、锐化、编辑境界等方式来优化面片数据。经过这一系列的处理，从而得到一个理想的面片，为多边形高级阶段的处理以及曲面的拟合做好准备。

3.2.3　坐标对齐处理

对齐是一种依据设计意图快速、准确地将面片与三维坐标系对齐的工具。简单地说，对齐就是考虑模型的坐标系在正向建模中可以放置的最佳位置，并在此逆向建模中将坐标系转换到理想的坐标系中。机械类零件在建模过程中一般都有一个标准位置的坐标系，因此这一步骤对机械类零件建模很重要。

Geomagic Design X 中的对齐模块提供了多种对齐方法，将扫描的面片（或点云）数据从原始的位置移动到更有利用效率的空间位置，为扫描数据的后续使用提供更简捷的广义坐标系统。通过对齐模块提供的工具可将面片数据分别与用户自定义坐标系、世界坐标系，以及原始 CAD 数据进行对齐，分别对应于对齐模块中的三组对齐工具，分别为"扫描到扫描""扫描到整体"及"扫描到 CAD"。

3.2.4　领域划分

领域划分是根据扫描数据的曲率和特征进行数据分块，使数据模型各特征（圆柱、自由曲面等）通过领域进行独立表达，从而将多边形模型划分为不同的几何领域，可以识别出不同的特征。

多边形模型作为领域划分阶段的编辑对象，是由三角形面片拼接组成的多边形网格。多边形网格的基本元素包括单元面、单元边线、单元顶点及边界 4 部分。单元边线及单元顶点构成三角形单元面，三角形单元面相互拼接，将边界范围内的区域填充形成多边形网格面。

领域是由单元面组成的连续数据区域，不含有单元边线和单元顶点。在进行领域划分时，可根据曲率值划分出不同特征区域。在自动分割的结果中可能会出现识别错误，可以对各领域进行合并、分割和扩大缩小等编辑操作。

基于领域划分的逆向参数化建模方法首先是对多边形模型按曲率进行领域划分，将模型各特征通过领域组进行表达；然后根据领域进行特征提取创建二维截面线和投影边界轮廓线，并对参数值进行修改和添加线段约束关系，获得更加准确的二维草图，再对草图进行拉伸、旋转、扫描等操作，创建参数化模型；同时根据领域进行曲面拟合，创建面片。最后将面片与参数化模型进行布尔运算，得到准确的原始产品参数化模型。在进行特征提取时，领域会消除单元边线和单元顶点的影响，从而提取出更加规则的特征形状以及拟合出更精确的曲面片。

根据曲率划分领域可以更好地区分不同特征，而且可以手动对于同一特征进行编辑，划分出若干领域，有利于特征的更好表达。因此，合理、准确地划分领域，对有效地构建精确逆向参数化模型具有重要意义。

3.2.5 草图处理

Geomagic Design X 软件中的草图模块功能与主流的正向 CAD 软件类似，利用该模块可以在三维空间中的任何一个平面内建立草图平面。应用草图模块中提供的草图工具，用户可以轻易地根据设计需求画出模型的平面轮廓线；通过添加几何约束与尺寸约束可以精确控制草图的几何尺寸关系，精确表达设计的意图，实现尺寸驱动与参数化建模。创建的草图还可以进一步用实体造型工具进行拉伸、旋转等操作，生成与草图相关联的实体模型。

草图模块在逆向建模过程中的主要功能是利用基准平面的偏移平面截取模型特征的轮廓线，并利用其草图绘制功能对截取的轮廓线进行绘制、拟合和约束等操作，使其尽可能精确地反映模型的真实轮廓。首先在对点云模型或面片模型进行特征分解和功能分析，在明确原始设计意图的基础上，根据特征及功能的主次关系制定合理的建模顺序。然后根据不同的模型特征选取合适的基准平面，通过基准平面的偏移平面与模型相交，获取能够清楚表达模型特征轮廓的截面线。最后通过绘制、拟合等操作将投影在基准平面的截面轮廓线重构，并添加尺寸和位置约束，便于后续的参数化建模。

3.2.6 创建实体特征模型

基于正向建模方式的逆向建模主要利用自动面片草图工具，这是一种基于截面创建草图轮廓的新颖的、智能的工具；自动面片草图过程可从复杂截面中提取直线和圆弧，识别各线段之间的关系并自动约束，再将其连接生成一个截面轮廓。获得面片草图后，利用 Geomagic Design X 软件中的正向建模工具（如拉伸、回转、放样和扫描等）创建实体模型。

利用自动面片草图按以上步骤创建该模型的其他部分并作相应的布尔运算，再依据之前的面片和领域给模型做出圆角，最终得到该机械零件的 CAD 模型。

最后将重构得到的实体模型与面片作偏差分析，以确认逆向建模重构模型的绝大部分曲面在误差范围之内。基于实体特征的逆向建模重构得到的实体模型精度高，参数明确，能直接发送到其他正向软件中使用，可以直接在其基础上进行再设计或直接用于生产制造。

3.2.7 3D 草图处理

3D 草图模块包含 3D 面片草图和 3D 草图两个模式，处理的对象可以是面片和实体。在 3D 草图模式下可以创建样条曲线、断面曲线和境界曲线。3D 面片草图模式下也可以创建上述曲线，区别在于其创建的曲线在面片上。3D 面片草图模式下还可以创建、编辑补丁网格，通过补丁网格拟合 NURBS 曲面，这与曲面创建模块中的补丁网格功能相同。3D 草图模式下创建的曲线保存在 3D 草图中，3D 面片草图模式下创建的曲线保存在 3D 面片草图中。

每个草图文件都是独立的，通过变换要素可以将已有草图中的曲线变换到当前草图。通过草图创建的曲线可以作为裁剪工具剪切曲面，也可以作为拉伸、放样等建模命令的要素。创建的补丁网格可以拟合为 NURBS 曲面。

3.2.8 精确曲面技术

精确曲面是一组四边曲面片的集合体，按不同的曲面区域来分布，并拟合成 NURBS 曲面，以表达多边形模型（可以是开放的或封闭的多边形模型）。相邻四边曲面片边界线和边界角（使用指定的除外）需是相切连续。

精确曲面阶段包含自动创建曲面和手动创建曲面两种操作方式。手动创建曲面操作流程主要分为 4 个步骤。

（1）提取轮廓曲线：在网格上自动提取并检测高曲率区域的三维轮廓曲线。这些曲线可以进一步编辑和调整，用来创建更好的四边形曲面片补丁布局。

（2）构建补丁网格：自动构建补丁布局内的补丁网格。

（3）移动面片组：调整补丁面片在 3D 补丁网格内的布局，使它们更加连续和光顺。

（4）拟合曲面：在每个补丁网格内的 3D 路径创建 NURBS 曲面，这样规划完成后，一个精准的曲面会被创建出来。

曲面模型创建过程中，软件提供了手动和半自动编辑工具来修改曲面片的结构和边界位置。为了改善曲面片的布局结构，用曲面片移动来创建更加规则的曲面片布局，可通过重新绘制曲面片边界线、合并边界线顶点或移动曲面片组、改曲面片边界线等方式来实现，以保证有效的曲面片布局。

面片上的高曲率变化决定轮廓线的位置，轮廓线将面片划分成不同的区域，并能够用一组光滑的曲面片呈现出来。

创建 NURBS 曲面过程中的关键一步将面片模型分解成为一组四边曲面片网格。四边曲面片网格是构建 NURBS 曲面的框架，每个曲面片由四条曲面片边界线围成。模型的所有特征均可由四边曲面片表示出来，如果一个重要的特征没有被曲面片很好地定义，可通过增加曲面片数量的方法进行解决。

经过精确曲面阶段处理所得 NURBS 曲面能以多种格式的文件输出，也可输入到其他 CAD/CAM 或可视化系统中。

3.3 应用实例——二级锥齿轮-蜗杆减速器逆向重构

二级锥齿轮-蜗杆减速器由 2 个锥齿轮、蜗轮、蜗杆、4 个凸台、4 个轴承、1 个套筒、2 个圆筒、2 根轴、20 个六角螺母、4 个圆螺母及 3 个平键组成，如图 3-3 所示。

图 3-3 锥齿轮-蜗杆减速器实物

二级锥齿轮-蜗杆减速器点云数据的采集，采用的是杭州思看科技有限公司生产的 AXE-B11 型号全局式三维扫描仪，再利用 Geomagic Design X 软件对扫描测量的减速器面片数据进行逆向重构。

3.3.1 锥齿轮的逆向设计

锥齿轮零件实物与扫描点云数据如图 3-4 所示。

3.3.1.1 坐标系建立与模型对齐

A 导入锥齿轮 STL 数据

导入的锥齿轮 STL 数据如图 3-5 所示。通过切换视角，观察模型文件，模型文件自身的坐标系与当前软件的坐标系不一致，模型文件偏斜，利用坐标系平面切割模型所得到的截面轮廓，是不正确的，之后无法切割出准确的面片草图。因此，通常导入的模型文件，都需要进行坐标对齐操作，让模型坐标与软件坐标重合。

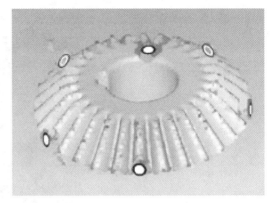

图 3-4 锥齿轮零件实物与点云数据

图 3-5 导入锥齿轮 STL 数据

B 领域划分

只有将扫描数据划分领域后才能激活下一步对齐向导操作。选择领域中的自动分割，将模型文件划分成不同颜色的色块。模型表面这些色块就是领域，如图 3-6 所示。它采用不同的色块，根据曲面的曲率变化，拆分出不同的曲面，可以将领域理解成不同颜色的色块，色块附着于 STL 三角形之上，反映了模型的特征，用于提取出 STL 模型的形状和尺寸信息。

领域是用于拟合面片的重要依据。领域分割的准确程度，直接影响到拟合面片的精度。

C 对齐向导

对齐向导能快速有效地生成规则几何形体的对齐方案，其中对回转体模型的适应性最佳。如图 3-7 所示，为模型对齐前后情况。

图 3-6 领域划分

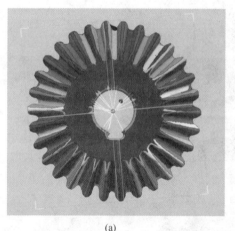

(a)

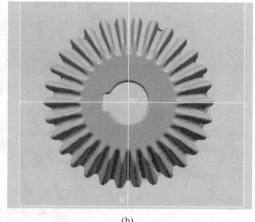

(b)

图 3-7 模型对齐前后

当模型较为复杂时，对齐向导操作可能无法生成用户所需的对齐方案。此时，可选择手动对齐，通过手动选取要素与全局坐标系要素匹配，将模型对齐到全局。

手动对齐操作包含两种方式，即：3-2-1 方式和 X-Y-Z 方式。通过选择对应要素（划分的领域或建立的参照要素）与全局坐标系匹配，从而将模型对齐。3-2-1 方式使用的要素是模型的面-线-点要素。X-Y-Z 方式使用的要素为三条直线或两条直线及一个原点。

添加的中心线如图 3-8 所示。

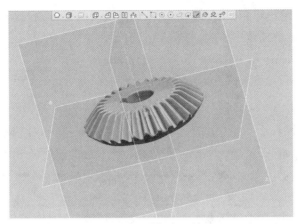

图 3-8 添加中心线

3.3.1.2 最大外轮廓实体构建

A 绘制面片草图

a 草图范围选取

面片草图中有平面投影和回转投影两种投影方式,分别对应可直接拉伸成型的模型和回转体。此处齿轮可直接回转成型,故选择回转投影截取模型特征。整体思路是截取锥齿轮最大外轮廓之后回转成体,用拟合的凹槽曲面切割回转体获得理想的锥齿轮,因此首先要获得锥齿轮的最大外轮廓,观察图片看到,回转投影截取的特征并不是最大外轮廓,这是因为选择的方向不会很巧合的与两端齿顶一致,因此回转投影常常会截取两端齿顶中间部分,导致无法获得最大外轮廓。

拖动绿色箭头可以改变截取特征的方向,一味地改变方向并不能保证截取到最大外轮廓。此时将鼠标箭头放在绿色箭头上使之变黄并出现旋转箭头的小图标,如图 3-9 所示。

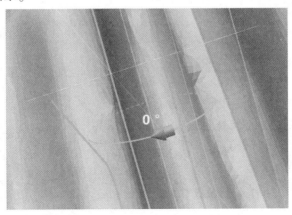

图 3-9 改变截取特征的方向

按住鼠标左键顺着箭头的方向拖动黄色箭头（拖动方向与箭头方向不一致无法操作），截取的特征范围扩大，如图3-10所示。

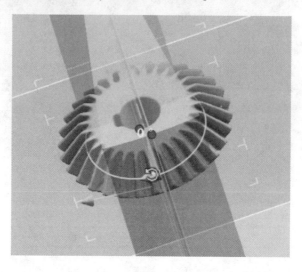

图 3-10 扩大特征范围

调整视图进行检查，只要截取的范围包含齿顶，就能保证截取到最大的外轮廓。

b 面片草图拟合

模型的圆角可以在草图绘制阶段通过改变圆角半径实现，也可以在模型修饰阶段通过圆角调整。在这里选择草图阶段调整半径，减少了操作步骤，如图3-11所示。模型修饰阶段调整圆角也会出现两面之间距离小于设定的圆角半径而无法调整圆角，因此在草图绘制阶段调整圆角就避免了这个问题。

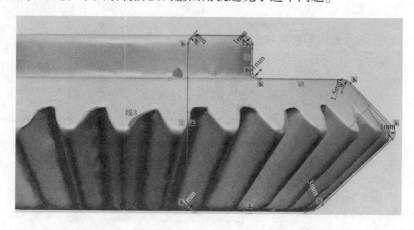

图 3-11 调整圆角

c 线条偏差检查

草图绘制完毕，对线条进行偏差分析。如图 3-12 所示，偏差在正负 0.1mm 内显示为绿色，正负 0.2mm 内显示黄色，当正负偏差接近甚至超过 1mm 时，线条呈红色，放大图形，观察并调整线条，使其尽可能为绿色，减小偏差，如图 3-13 所示。

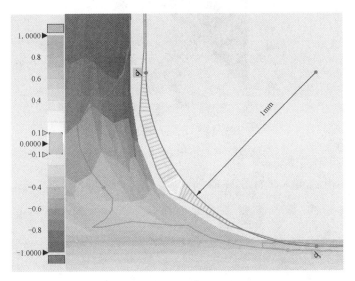

图 3-12　偏差分析

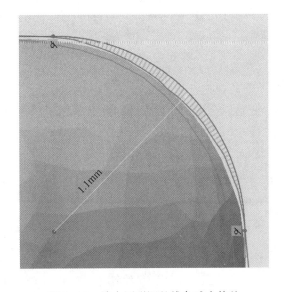

图 3-13　放大图形调整线条减小偏差

d 线条分离点检查

偏差检查完后选择分离的终点，检查草图是否封闭，如不封闭，就会出现淡绿色的圆点，不将其删除，无法实现创建实体操作，如图3-14所示。

图3-14 线条分离点检查

B 回转得到实体

回转草图得到实体，如图3-15所示。

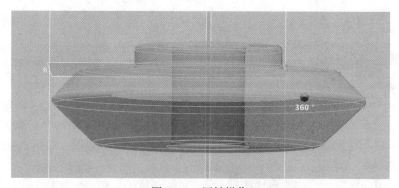

图3-15 回转操作

3.3.1.3 切割曲面的创建

实体创建完毕，开始拟合齿槽和齿面的曲面。采用了两种方法，第一种基础曲面创建法，第二种面片拟合创建法。

A 基础曲面创建法

a 选择领域色块创建基础曲面

在锥齿轮的领域色块中挑选光顺的色块为目标领域创建圆柱面，如图3-16所示。完整光顺的色块有利于曲面的创建，减小偏差。

b 绘制UV曲线

UV线是驻留在多边形网格顶点上的二维纹理坐标点，它们定义了一个二维纹理坐标系统，称为UV纹理空间，这个空间用U和V两个字母定义坐标轴。用于确定如何将一个纹理图像放置在三维的模型表面。

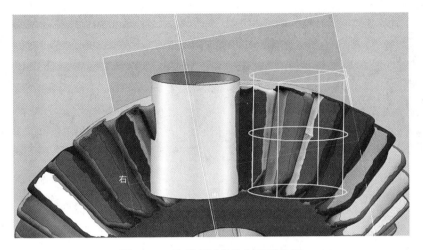

图 3-16 选择领域色块创建圆柱面

本质上，UV 线是提供了一种模型表面与纹理图像之间的连接关系，UV 线负责确定纹理图像上的一个点（像素）应该放置在模型表面的哪一个顶点上，由此可将整个纹理都铺盖到模型上。如图 3-17 所示，在圆柱面上绘制一对 UV 线，倾斜度尽量与凹槽斜度一致。

图 3-17 圆柱曲面上的 UV 曲线

在放样命令执行之前，需要在"树"菜单栏 3D 草图选项鼠标右键设置草图显示。避免在执行放样操作中无法选择已经画好的 UV 线。

c 拉伸放样曲面

选择绘制好的 UV 线。执行放样命令后创建的平面如图 3-18 所示。右侧圆柱面执行同样的操作后的效果如图 3-19 所示。

图3-18 放样

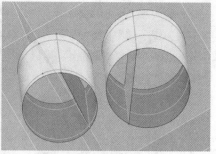

图3-19 放样右侧圆柱面

利用UV线创建平面的目的是将圆柱面进行分割，切割出需要的曲面。

d 剪切曲面

剪切曲面后选择合适的残留体保存。左、右圆柱执行相同的操作后的效果如图3-20所示。

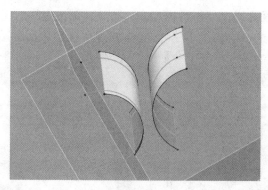

图3-20 剪切曲面

e 拟合凹槽曲面部分

拟合凹槽曲面如图3-21所示。

圆角方向改变后，点击偏差分析对圆角拟合的质量进行检查，在半径一栏对圆角半径进行调整，得到最合适的圆角半径（偏差分析结果尽量都为绿色）。在多次调整后，最佳圆角半径为1.16mm，如图3-22所示。

f 延长曲面边界

为保证拟合的曲面能够超越模型的范围以能够切割模型，需要对曲面进行"延长曲面"的操作，如图3-23所示。

B 面片拟合创建法

（1）选择拟合对象。旋转模型，寻找表面完整、质量较好的领域色块为拟合对象，如图3-24所示。

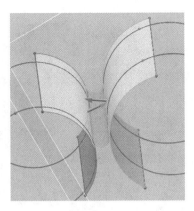

图 3-21 拟合凹槽

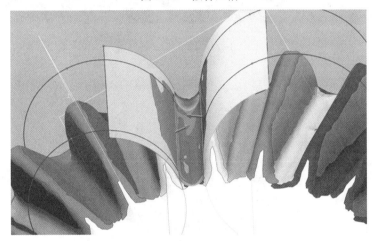

图 3-22 调整最佳圆角半径

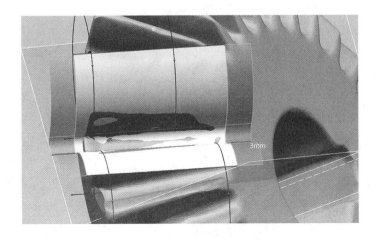

图 3-23 延长曲面

图 3-24 选择拟合对象

（2）调整拟合范围。可以进一步调整拟合范围，如图 3-25 所示。

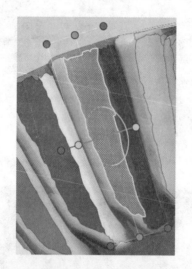

图 3-25 调整拟合范围

（3）检查面片拟合效果。进行齿面拟合质量的检查，尽量使得拟合的齿面偏差分析呈绿色（正负偏差 0.1mm 内），如图 3-26 所示。

（4）利用圆角命令进行齿槽拟合。选定曲面，改变圆角方向，调整圆角半径，如图 3-27 所示。

（5）体偏差检查。体偏差检查如图 3-28 所示。

（6）延长曲面边界。延长曲面边界如图 3-29 所示。

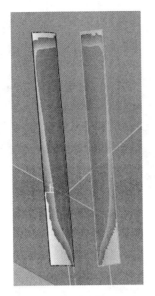

图 3-26　齿面拟合质量检查

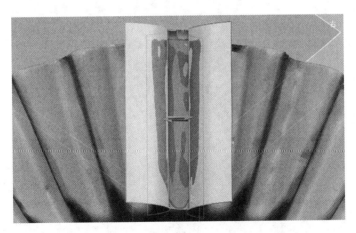

图 3-27　利用圆角命令进行齿槽拟合

C　曲面阵列

将曲面进行阵列，其效果如图 3-30 所示。

3.3.1.4　切割实体

（1）进入切割界面。

（2）选择工具要素和对象体，执行切割命令，如图 3-31 所示。

（3）选择残留体，实体切割后的效果如图 3-32 所示。进行实体偏差检查，如图 3-33 所示。

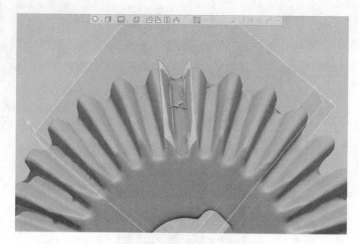

图 3-28 体偏差检查

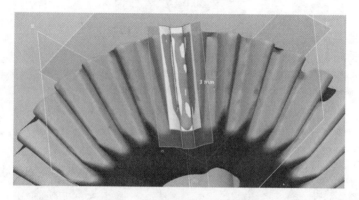

图 3-29 曲面延长后的效果图

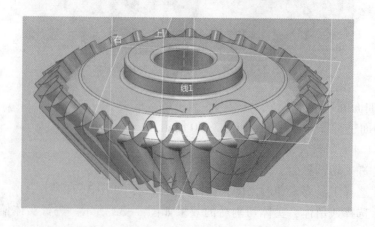

图 3-30 圆形阵列后的效果图

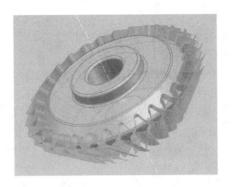

图 3-31　切割

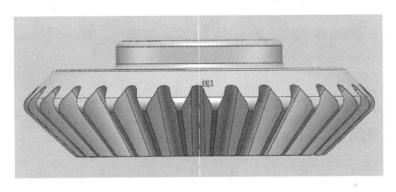

图 3-32　实体切割后的效果图

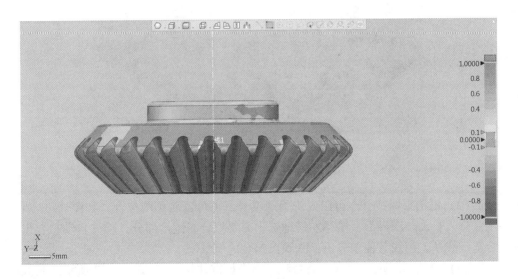

图 3-33　实体偏差检查

3.3.1.5 键槽的构建

（1）基础平面的创建。基础平面的创建如图 3-34 所示。

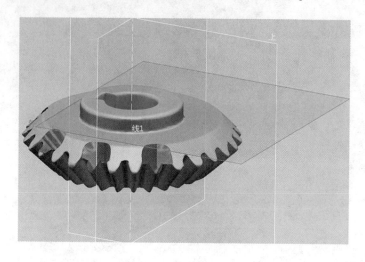

图 3-34 创建基础平面

（2）键槽特征的提取，如图 3-35 所示。

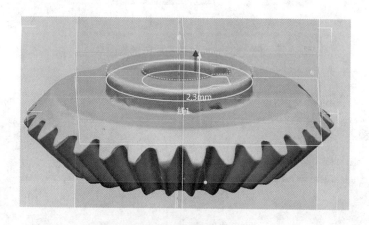

图 3-35 提取键槽特征

（3）键槽草图拟合。可以人工手动拟合，也可自动草图拟合，如图 3-36 所示。进入自动草图界面，鼠标左键框选出需要拟合的键槽部分，软件自动拟合出合适的线条，用线条偏差分析检查线条拟合的质量。

（4）键槽草图拉伸切割。进而对草图进行拉伸切割，如图 3-37 所示。其效果如图 3-38 所示。

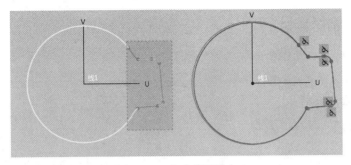

图 3-36 自动草图拟合

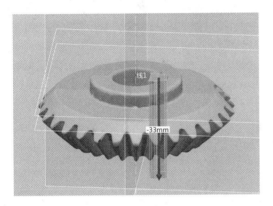

图 3-37 拉伸切割

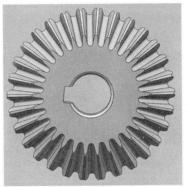

图 3-38 拉伸切割后的效果图

3.3.1.6 圆角整饰

可以对有些棱角进行圆角处理，如图 3-39 所示。

图 3-39 圆角

3.3.2 螺杆的逆向重构

蜗杆零件实物与扫描点云数据如图3-40所示。

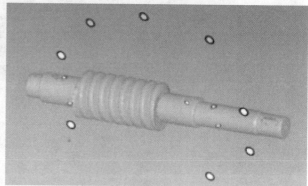

图3-40 蜗杆零件实物与点云数据

3.3.2.1 坐标系建立与模型对齐

导入螺杆扫描文件后，进行领域划分，实施对齐向导（图3-41），添加中心线（图3-42）。步骤同锥齿轮。

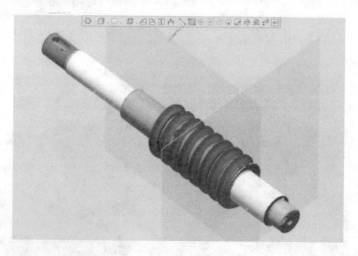

图3-41 对齐

3.3.2.2 螺杆长轴实体创建

A 绘制面片草图

a 草图范围选取

草图范围选取如图3-43所示。

图 3-42 添加中心线

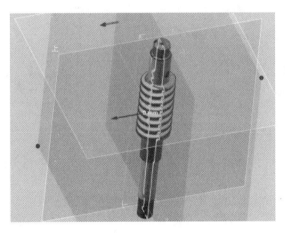

图 3-43 草图范围选取

b 面片草拟

拐角处拟合曲线，应先在中间绘制一条直线，再拟合上下两条直线，利用圆角命令拟合圆弧，如图 3-44 所示。

在草图中，尽量在虚线段平直处拟合直线，实线段也应该先自行绘制与坐标轴平行或垂直的直线，再拖动其与红色直线段贴合，这样可以最大地减小偏差，如图 3-45 所示。

长轴上的圆角可以先通过草图绘制，也可在完成实体构建后整饰过程中添加，如图 3-46 所示。

c 线条偏差检查和线条分离点检查

对照右侧的色板对线条进行检查，并调整拟合的线条，尽量减小偏差，如图 3-47 所示。

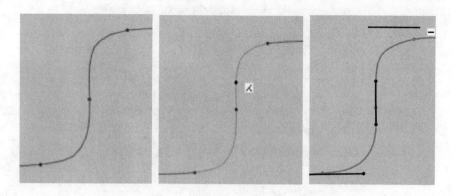

图 3-44　拟合圆弧

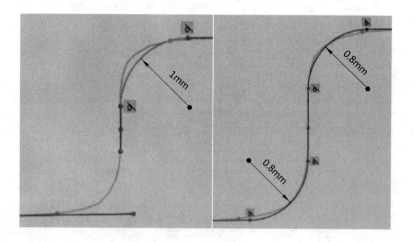

图 3-45　减小偏差

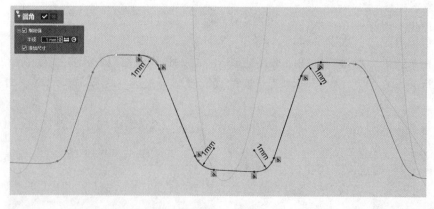

图 3-46　圆角

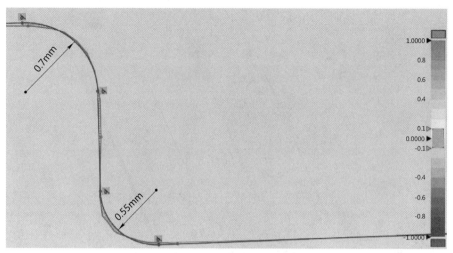

图 3-47 线条偏差检查

B 回转得到实体

回转后效果如图 3-48 所示。

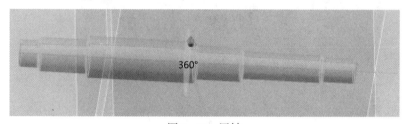

图 3-48 回转

3.3.2.3 螺纹实体扫描构建

A 确定扫描路径

（1）截取回转草图特征。

（2）添加开始点如图 3-49 所示。

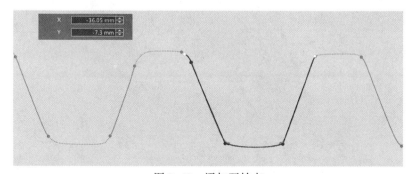

图 3-49 添加开始点

（3）添加螺旋体曲线如图 3-50 所示。

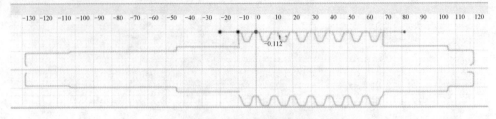

图 3-50　添加螺旋体曲线

（4）通过测量和对比观察，将参数调整到位，如图 3-51 所示。

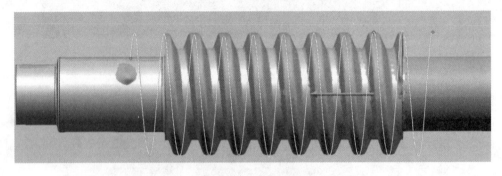

图 3-51　参数调整

B　螺纹草图绘制

（1）面片草拟。先绘制直线，将直线与草图贴合，用圆角命令绘制圆弧，如图 3-52 所示。

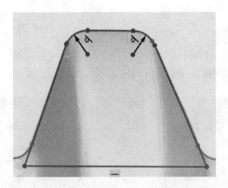

图 3-52　螺纹草图拟合

（2）线条偏差检查（同上）。

（3）线条分离点检查（同上）。

C 扫描实体

扫描操作后得到实体，如图 3-53 所示。

图 3-53 扫描实体

3.3.2.4 布尔运算

（1）键槽草图绘制

虽然扫描特征不很理想，但可以充分利用每一条曲线去确定特征的位置。可以应用智能尺寸去测量特征，对特征值进行取整，此时在特征残缺的情况下，用智能尺寸接近设计参数，最大程度减小偏差，如图 3-54 所示。边角的特征都应该充分利用，如图 3-55 所示。

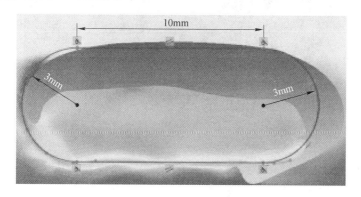

图 3-54 绘制键槽草图

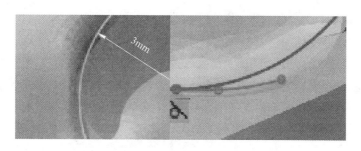

图 3-55 边角特征

（2）拉伸切割如图3-56所示。

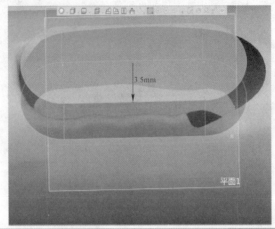

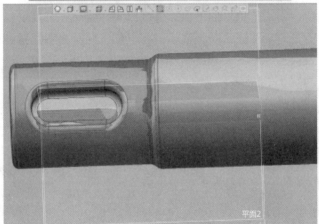

图3-56 拉伸切割

3.3.2.5 偏差检查、整饰

A 偏差检查

偏差检查结果如图3-57所示。

图3-57 偏差检查

B 局部整饰

重构的实体仍然有突出的部分，造成一定的偏差，这里使用圆角命令减小偏差，如图 3-58 所示。

图 3-58 实体偏差

选择相应的边线，调试半径值，如图 3-59 所示。

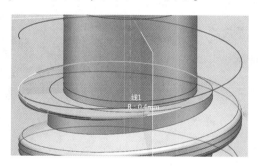

图 3-59 圆角

再进行体偏差检查，最大偏差 0.6mm，在可接受范围内，如图 3-60 所示。

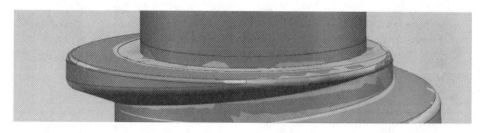

图 3-60 体偏差检查

对长轴两端圆孔亦做圆角处理，如图 3-61 所示。

最后，整体进行偏差检查，直到符合要求，如图 3-62 所示。

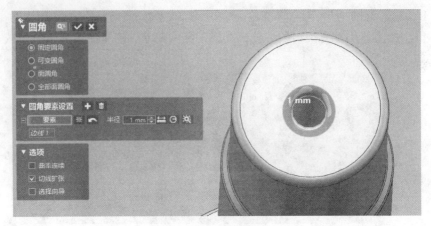

图 3-61 圆角处理

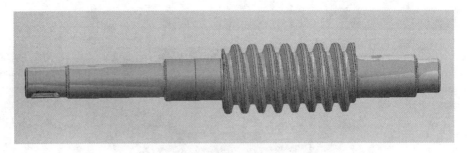

图 3-62 偏差检查

3.3.3 蜗轮的逆向重构

蜗轮零件实物与扫描后获得点云数据如图 3-63 所示。

图 3-63 蜗轮零件实物与点云数据

蜗轮的逆向重构过程与锥齿轮相似，经过坐标系建立与模型对齐、领域划分、拟合齿面、UV 线分割区域、放样、切割曲面、拟合齿槽、曲面阵列、外轮廓实体创建、曲面切割外轮廓实体、其他特征构建等步骤，如图 3-64~图 3-74 所示。

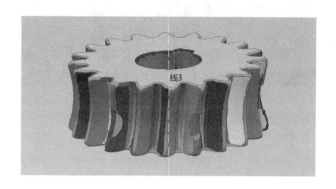

图 3-64　领域划分

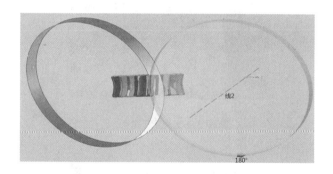

图 3-65　领域色块拟合齿面

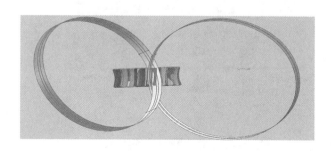

图 3-66　UV 线分割区域

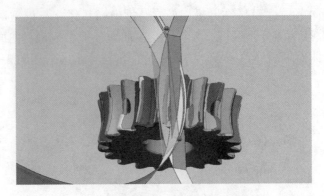

图 3-67 放样

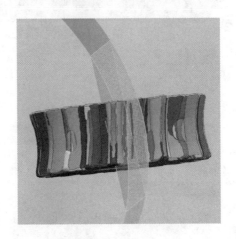

图 3-68 切割曲面

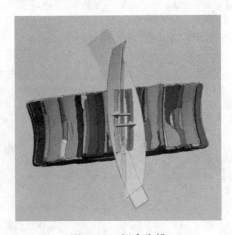

图 3-69 拟合齿槽

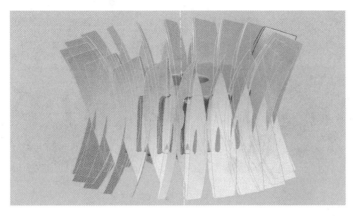

图 3-70　曲面阵列

图 3-71　外轮廓草图拟合

图 3-72　草图回转创建实体

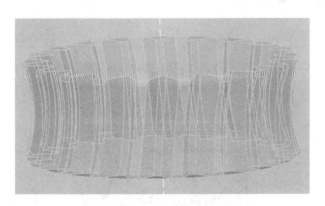

图 3-73　曲面切割外轮廓实体

3.3.4　箱体的逆向重构过程

箱体零件实物与扫描后获得点云数据如图 3-75 所示。

箱体重构主要步骤包括：坐标系的建立与模型对齐、外轮廓实体创建、其他特征构建等，如图 3-76~图 3-84 所示，不再赘述。

图 3-74　其他特征构建

图 3-75　箱体零件实物与点云数据

图 3-76　领域分割

图 3-77　对齐向导

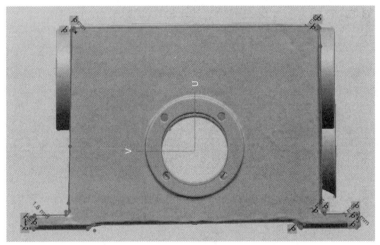

图 3-78　外轮廓草图拟合

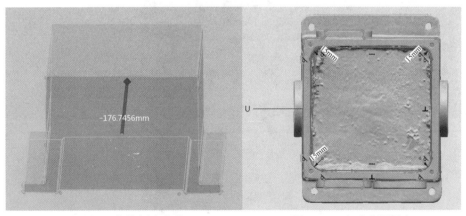

图 3-79　拉伸创建实体　　　　　　　　图 3-80　空腔草图拟合

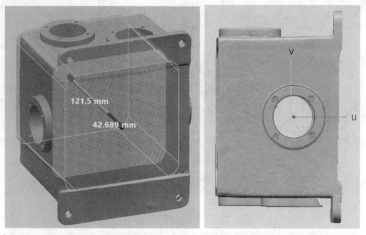

图 3-81　拉伸切割　　　　　图 3-82　轴孔草图拟合

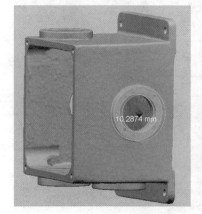
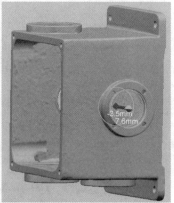

图 3-83　拉伸合并/切割

图 3-84　圆角

3.3.5 二级锥齿轮–蜗杆减速器重构装配模型

将重建好的箱体、锥齿轮、蜗轮、蜗杆、端盖、套筒、圆筒、轴，以及标准件轴承、螺母、平键等进行装配得到二级锥齿轮–蜗杆减速器三维模型，如图3-85所示。

图 3-85　减速器装配模型

第4章 轴向快速拟合三维重构方法

在机械零件设计领域，二维工程图纸一般是用来描述设计对象、表达设计思想的主要工具。工程装备使用说明书和零件图册只有少数零件有一些简单的说明或外形示意图，大部分零件三视图不齐全，没有明确的三视图投影关系，通用CAD软件要依据零件严格三视图投影关系来重构零件三维模型的一些方法很困难。在零件三维重构过程中，可以采用轴向快速拟合三维重构的方法，它主要通过识别出的三个正投影方向的简单轮廓图形，快速拟合匹配基本体素规则来构建三维基本形体，然后对拟合体实施挖孔、切槽等局部修改或布尔运算，可获得最终的模型。因此，该方法既避免了其他方法需要严格投影条件的限制，且具有简捷、灵活、适用的特点，更加切合工程装备零部件三维重构的实际需要。

4.1 基本流程

针对工程装备零部件三维重构过程的实际情况，轴向快速拟合三维重构方法的一般流程如图4-1所示。先对二维视图的主要特征进行识别，可以不完整，只要快速确定正投影的简单二维轮廓基本图形，然后对三个视图的轮廓基本图形进行三个轴向的拟合构建三维基本拟合体，再应用实体局部特征修改、布尔运算等方法对形体做进一步处理，最终得到要求的模型。

4.2 机械零件的二维投影特征分析

通过对工程装备零件基本特征体素在三视图中的投影分析发现，其三维空间的表示与三视图表示之间存在一定的关系。圆柱体、长方体、球体、楔形体、圆锥体等形体的二维视图特征都是圆、矩形、三角形，如圆柱在三维视图中的投影是由一个圆和两个矩形组成。一些平移扫描体一般是由一个较复杂的封闭图形及两个矩形组成；旋转扫描体则是由两个相同形状的较复杂的封闭图形及一些圆组成。因此，按投影特征形状把工程装备中零件的二维视图特征分为矩形特征、圆特征、三角形特征、圆弧特征及其他特征5种类别（表4-1）。

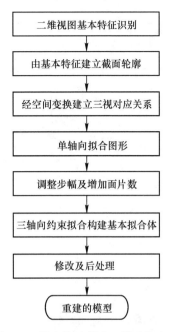

图4-1　轴向快速拟合三维重构方法

表4-1　　工程装备中零件的二维投影特征

二维投影特征			拟合三维基本形体	
主视图	俯视图	侧视图		
▭	▭	▭		长方体
○	○	○		球体
□	○	□		圆柱体
△	○	△		圆锥体

续表 4-1

二维投影特征			拟合三维基本形体	
主视图	俯视图	侧视图		
				半圆柱体
				楔形体
				四面体

4.3 单轴向三轴快速拟合重建三维形体

4.3.1 单个轴向 (Z) 拟合约束

单个轴向拟合建模的方法是先建立一个二维轮廓截面，经过三维空间变换调整位置，之后使其沿一条路径生长，通过插值得到截面图形之间的区域，从而构建出三维形体。在单个轴向拟合重建中的路径可以是直线，也可以是曲线，并允许使用封闭或不封闭的线段。拟合重建中的二维轮廓截面可以是采用本章所论述的三视图识别方法所获得的二维基本图形，也可以是由测量和测绘得到的数据直接构建的二维图形。

在拟合中，对轮廓指定一定的对应关系，设定插值点的疏密程度，并按重建模型的要求施加相应的约束，这些对于构建的拟合体的外形、光顺等都有直接的影响。因此，轮廓之间点的对应关系、外加约束以及一些特殊情况下的操作对拟合体的成败起着至关重要的作用。

4.3.1.1 多截面轮廓拟合复杂形体

对于复杂的机械零件实体还可以通过指定两个或两个以上的截面轮廓以及精确的截面位置来构造实体。其中，截面轮廓图形也可以在不同路径位置重复使用。如图 4-2 所示是采用拟合多个截面轮廓的挖斗形体。首先指定 Z 轴方向的一直线段作为拟合路径，对获得的多个二维截面轮廓经过三维空间变换调整空间位置关系，使它们相互平行，然后有序地沿指定的直线段路径在确定的位置分别设置对应的关键点，通过在关键点之间插值得到连续的三维区域，从而构建出三维形体。

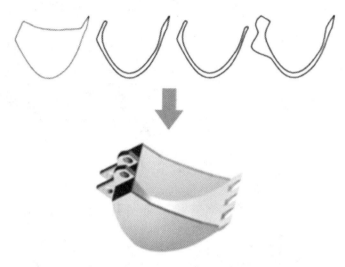

图 4-2　单个方向多截面拟合造型

4.3.1.2　创建复杂局部结构特征

图 4-3 是拟合一两端带花键的传动轴的实例。拟合过程中采用了 5 条封闭曲线，利用上述方法快速拟合构建基本三维形体。

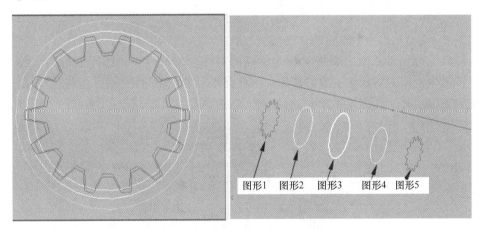

图 4-3　轴的各段二维轮廓曲线

　　然后通过对基本形体相应位置的局部缩放和倒角等特征变形处理，创建得到更为复杂的局部造型特征，如图 4-4 和图 4-5 所示。

4.3.1.3　拟合中表面扭曲问题的处理

　　在拟合过程中有时会出现表面扭曲问题，其原因主要是由于轮廓间的顶点不匹配。解决的方法是通过空间变换进行调整，保证轮廓间顶点的匹配。轮廓间顶

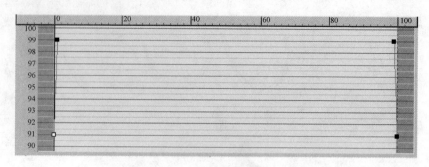

图4-4　端面倒角

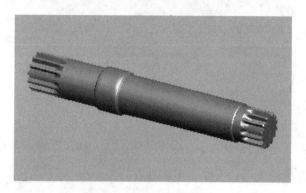

图4-5　造型效果

点的匹配首先要考虑的就是轮廓起始点的对齐。起始点是轮廓间进行匹配的基点，对生成体的形状起主要的作用。因此必须对多个截面轮廓进行调整使轮廓起始点匹配对齐，如图4-6所示。

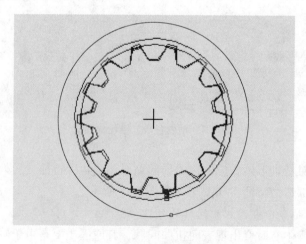

图4-6　轮廓起始点对齐匹配

4.3.2 三个轴向 (X、Y、Z) 拟合约束构建拟合体

在单个轴向拟合得到三维基本形体的基础上，进一步使该形体在 X 轴向和 Y 轴向同时受到两个轮廓图形的约束限制而构建新的拟合体。拟合过程主要根据三视图的性质，以及三维基本体素在三视图中的投影特征来进行匹配而确定，其拟合规则如表 4-1 所示。

以挖掘机的后配重零件为实例。如图 4-7 所示为利用三视图识别方法获得的三个视图的简单二维轮廓图形（图形 1、图形 2 和图形 3）。

对图 4-7 中的截面图形 1，利用上述单个轴向（Z）拟合约束重建方法得到简单的三维形体，如图 4-8 所示。然后使该形体在 X 轴向受到轮廓图形 2 的约束限制进行拟合，得到如图 4-9 所示的三维形体，进一步使该三维形体在 Y 轴向受到轮廓图形 3 的约

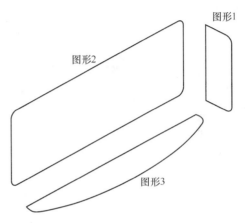

图 4-7 识别的三视图主要特征图形

束限制，从而构建得到新的三维拟合体，如图 4-10 所示。这三个方向图形的拟合约束满足了在三视图中的投影匹配关系。

图 4-8 单个截面拟合

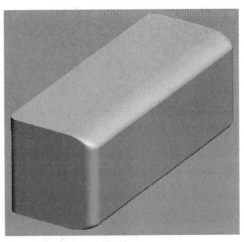

图 4-9 拟合两个视图

最后，对新构建的拟合体采取局部修改处理、雕刻文字以及增加吊环和指示灯其他装配附件，并赋予各自合适的材质和灯光，则挖掘机后配重零件模型的最终渲染效果如图 4-11 所示。

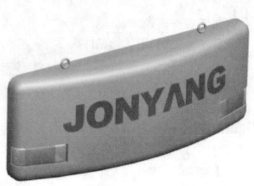

图 4-10　拟合三个视图　　　　　图 4-11　挖掘机后配重模型渲染图

4.4　工程装备管路放样重建

工程装备中采用了液压系统，如传动系、行驶系、转向系、制动系、工作装置及操纵系统中都存在液压装置和液压管路。这些管路错综复杂，要准确重建十分困难。因此管道曲面的重建不同于一般的机械零件，有其特殊性。

复杂管道生成的关键是确定出管路的中心曲线（脊线）。用管道中心线来表示管道的走向和空间的布局，使显示和处理速度加快，对复杂的空间管道表示比较清晰，然后给定半径就可以采用放样法来构建管道。图 4-12 所示为挖掘机的操纵阀组及其管接头重建模型。

图 4-13 所示为挖掘机的转台液压管路重建模型。

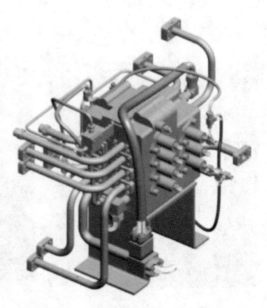

图 4-12　操纵阀组及其管接头重建模型

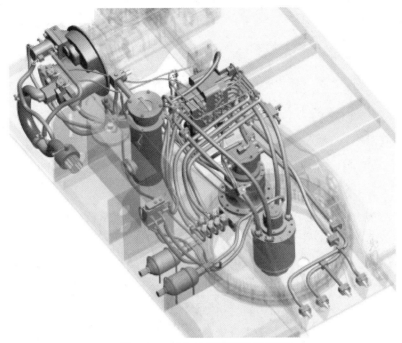

图 4-13 转台液压管路重建模型

4.4.1 管道曲面的奇异性分析

假设脊线 $c(t)$ 是正则的，即 $c(t)$ 是简单的且 $|\dot{c}(t)| \neq 0$，则管道曲面将存在两种奇异情形：

（1）源于曲面的局部微分几何性质；

（2）源于曲面的整体距离性质。

第（1）种为局部自相交，即奇异情形发生在当管道曲面的半径 r 超过曲线的最小曲率半径时，如图 4-14 所示；第（2）种为全局自相交，即奇异情形发生在脊线上两个内点（包括两个端点）之间的最小距离小于两倍的半径 r 时。

4.4.2 管道曲面非奇异的条件

在管道曲面构建过程中若发生了自交，将导致建模的失败。在这方面的研究工作有很多，但是实际上还没有一个很好的解决办法。Kreyezig、deCarmo 和 Rossignac 推导出了管道曲面局部自相交的条件，而 Shani 和 Ballard 给出了避免广义圆柱局部自相交的方法，T. Maekawa 讨论了如何计算可能的最大半径。这些研究概括为两个方面：（1）判断生成的管道曲面是否自相交以及确定自相交的位置；（2）如何确定管道曲面不发生自相交的最大半径，即给定一条正则空间曲线

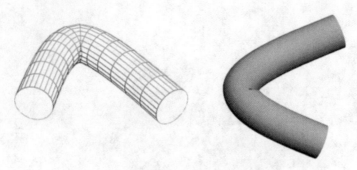

图4-14 管道重建中的局部自交情况

$c(t)$，寻找最大的 $R>0$，使得对于所有的 $r<R$，管道曲面 $p(r)$ 是非奇异的。

参考文献给出了管道曲面非奇异的充分和必要条件：假设所给脊线为 $c(t) = [x(t), y(t), z(t)]^{\mathrm{T}}$，$0 \leqslant t \leqslant 1$，且曲线是正则的，并且 $c(t)$ 是连续的，$p(t)$ 是脊线为 $c(t)$、半径为 r 的管道曲面，那么 $p(t)$ 非奇异的充要条件是：

$$r < \delta = \min \{1/\kappa_a, r_{ee}, r_{bb}, r_{eb}\} \tag{4-1}$$

式中，κ_a 为脊线的最大曲率，r_{ee}、r_{bb}、r_{eb} 分别为管道曲面没有端点圆与端点圆、管道体与管道体、端点圆与管道体全局自相交的最大允许半径。

在实际液压系统管路重建中，对于给定直径的管道，保证其曲面不发生自相交，主要通过控制其弯曲时的最小曲率半径。针对钢制弯管所推荐的最小曲率半径值如表4-2所示；对钢丝编织胶管的推荐最小曲率半径值如表4-3所示。

表4-2 推荐钢制弯管的最小曲率半径 （mm）

管子外径 D_0	10	14	18	22	28	34	42	50	63
最小曲率半径	50	70	75	75	90	100	130	150	190
支架最大距离	400	450	500	600	700	800	850	900	1000

表4-3 推荐钢丝编织胶管的最小曲率半径 （mm）

钢丝层数	胶管内径	4	6	8	10	13	16	19	22	25	32	38	45	51
I	胶管外径	13	15	17	19	23	26	29	32	36	43.5	49.5	—	—
	最小曲率半径	90	100	110	130	190	220	260	320	350	420	500	—	—
II	胶管外径	—	17	19	21	25	28	31	34	37.5	45	51	58	64
	最小曲率半径	—	120	140	160	190	240	300	350	380	450	500	550	600
III	胶管外径	—	19	21	23	27	30	33	36	39	47	53	60	60
	最小曲率半径	—	140	160	180	240	300	330	380	400	450	500	550	600

4.4.3　管道与管道之间相交干涉的解决对策

由于工程装备液压系统的管路众多，而且大多数管路走向错综复杂，这些管路的重建难度很大，其中对于管路与管路相互之间的相交情况判断也是必须考虑的问题。

主要通过检查液压管道是否满足液压管路设计规范的要求来解决这个问题。例如，判断满足管道之间最小距离的要求、管道和其他零件之间的最小距离的要求等。如图4-15所示的挖掘机液压支腿传动管路布置图，在考虑本部分管道之间最小距离要求的同时，考虑本部分管道与其他系统管路和零件之间的最小距离的要求。以上两种情况也可以转化为判断管道中心线之间是否满足一定的条件。对于在同一平面平行或共线的两段管线，可直接计算它们的距离，其距离 d 应该满足条件：

$$d > r_1 + r_2 + d_0 \qquad (4-2)$$

式中，r_1、r_2 为管道的公称半径，d_0 为设计要求的最小管距。

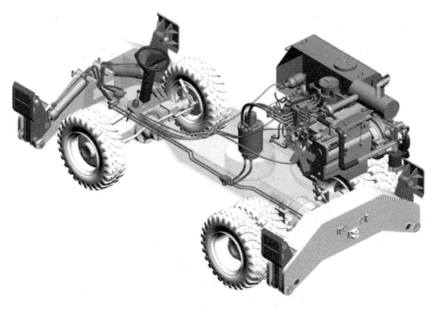

图 4-15　挖掘机液压支腿传动管路布置图

如果管线空间异面或相交，则需要计算它们的公垂线的距离，如果公垂线的距离满足上述条件，则不会干涉，否则须要作如下的判断：（1）公垂线段的两垂足均在两线段内部，则发生碰撞；（2）两垂足至少有一个在一条线段的外部，计算两线段的两两端点连线长度（共4个）；（3）并分别从一线段的一端点到另一线段作垂线（共4个），若垂足在另一线段内，计算垂距；（4）找出这些端点连线长度和所得垂距中的最小者作为管线距离，判断是否满足上述条件。

第5章　基于次对象变换的建模方法

在进行工程装备零件的三维实体重建过程中，有大量工作要做的是对实体的不连续部分或一个局部区域进行修改处理，从而得到非常细化和复杂的结构。对这样单个或多个局部区域进行的变换处理即称为次对象变换。灵活应用次对象建模技术，可以方便快捷地对复杂结构进行三维建模，大大提高了建模质量和效率。

次对象建模有两种形式：（1）处理次对象实体本身；（2）将变换修改约束到选择的次对象上。次对象可大可小，根据需要来确定，可以具体化到节点、网格面、边界、多边形以及元素等层次选择集合。次对象建模中主要涉及的基于次对象中节点、多边形和网格面变换的建模技术。

5.1　基于节点变换的建模方法

5.1.1　零件模型中节点的创建

机械零件三维网格模型的最基本要素是节点，它构成了网格的控制点。节点可以认为是最小的实体，它不同于顶点，两个顶点形成一条边，在这条边上可以加密点（细化网格）形成更多的点即为节点，因此实质上节点包含了顶点。节点数量的多少往往取决于模型的细化程度和精确程度，并可以在可视化光滑程度上得以体现，如图5-1所示。

在 B-rep 中，拓扑信息用来说明体、面、边及顶点之间连接关系的这一类信息。节点拓扑结构表示空间实体中不同节点之间相互连接关系，模型形状的任何改变都会导致重新安排节点。同样，当移动或者编辑节点的时候，它们的面也受影响。实际上，大量的模型变换处理是从节点变换开始的，改变节点的相对位置就可以实现不同建模的需要。

创建节点的位置可以准确控制，创建的节点就成为模型的一部分。节点的最终目的是用来建立网格面。相反，创建节点的最大资源是已存在的网格对象。既可以通过删除面将它们从网格对象上"剥离"，同时保留节点，也可以对已有的节点进行复制。通常，细化对象或对局部结构节点加密，需要将存在网格对象的节点复制到适当的位置，以便这些节点与存在的节点相关，以作为建模的资源。这种方法比为新节点的每个层次精心放置一个激活的网格要简单且准确。例如，

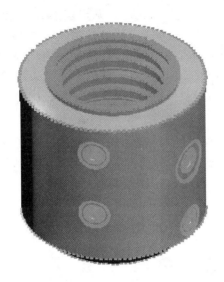

图 5-1 回转接头零件中节点（6274 个）

3ds Max 定义一个面的三个节点，节点 v1 和 v2 在对象的外围部分，节点 v3 靠近对象中心。通过加减变量 a，得到两个外围节点的偏移，坐标 Z 是 0，其定义如下。

```
vert_ array=#（）          --该数组用来存放节点的坐标
face_ array=#（）          --该数组用来存放面定义
        ⋮
v1 = ［radius1 ∗ cos（a+width），radius1 ∗ sin（a+width），0］
v2 = ［radius1 ∗ cos（a−width），radius1 ∗ sin（a−width），0］
v3 = ［radius2 ∗ cos（a），radius2 ∗ sin（a），0］
        ⋮
```

　　但节点并不定义几何体，它只定义点在三维空间中的位置。它没有自己的表面或者属性，在渲染中也不能被看到。如果没有通过面与其他节点相连，则将成为孤立节点。另外，在对模型表面贴图时，也使用节点的位置来保存贴图坐标，因此，当节点移动后，相应的贴图也作移动。

5.1.2　选择集的合理确定与应用

　　正确确定要调整的节点是有效处理节点的基础。可以选择单个或者多个节点，也可以组合成选择集合。对于复杂模型，有成千上万个节点，要调整零件模型不同部位的结构的前提就是合理确定不同的节点集合。并且可以按要求将新选择的节点增加到节点选择集合中，也可以从集合中去掉一些选择的节点。对于选择视图中相互之间有影响的节点时，可以将一些节点或集合隐藏掉，这样就非常方便从剩余节点中来进行选择。

　　本章还采用了邻域影响选择法，通过确定较小的节点集合来影响较大的范围，相当于一种模糊控制。一般先定义一条控制区域曲线来控制选择集的衰减趋势，对所选定的节点变换时，可以影响周围邻域的其他节点，其"影响力"同样可以通过衰减方式来控制。

　　图5-2是使用立方体网格上单个点的影响来控制区域曲线的影响的实例。图中初始长方体的长为83个单位、宽为75个单位、高为100个单位，节点数为11×21×2=462个。通过设置控制区域曲线的衰减、收缩及膨胀3个主要参数，得到不同形状的控制曲线，然后分别将右上角单个节点移动相同距离后即得到如图所示的不同状态结果。也可选定多个节点来进行变换，借助于控制区域曲线达到所需要的效果。

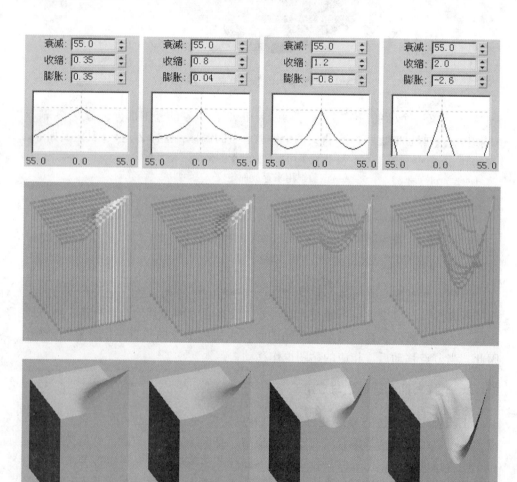

(a)

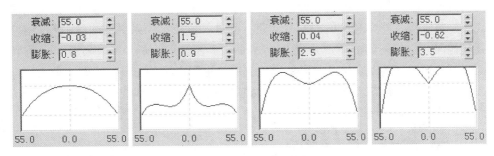

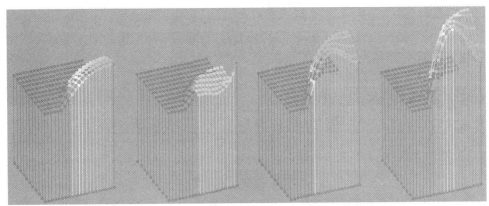

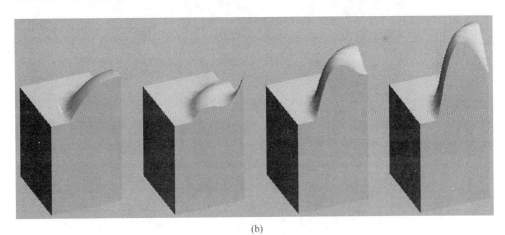

(b)

图5-2　不同控制区域曲线对邻域影响结果的比较

（作用单个节点，总节点数为：11×21×2＝462个）

　　由于移动一个节点类似于拉一个面片的节点，因此，使用邻域影响法变换节点的结果与使用面片变换的结果类似。主要不同是后面的节点移动并不恢复原来的网格对象，而面片操作中相反节点移动可以恢复原来的网格对象。

另外，也可控制节点所在面的背面的节点是否受影响。计算一个面的平均法线，并将它与下降半径区域内的其他所有面进行比较。如果平均法线能够"看"到其他面（它们之间的角度小于90°），那么共享这些面的节点将受影响。在背面和可见面之间的节点被认为是能够看到的，也受影响。如果法线背离节点，那么它们的面不能被节点看到，它们的节点就不受影响。面的法线方向正好在90°的临界值时，它的节点也受影响。

5.1.3 改变零件模型中节点的拓扑结构

节点处理是最深层次的调整，它通过对网格面最小构成元素进行编辑。计算机图形学中的大量操作是处理节点，并同时根据节点之间的连接关系推拉面，并影响对象的拓扑结构。

对节点变换类似于对面或者边界进行移动、旋转和缩放调整。因为网格编辑总是影响节点的位置。一般网格编辑处理的是节点，而不是面、元素或者边界。组成网格对象的面和边界跟随移动的节点到达由节点指定的新位置，如图5-3所示。

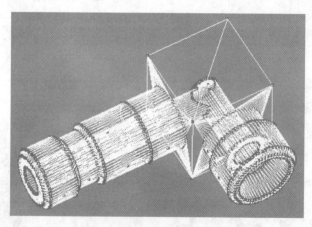

图5-3 移动节点的位置变换模型的尺寸

当缩放一个元素的时候，实际是在缩放节点的位置。当旋转面的时候，也是在旋转节点的位置，面根据节点的新位置改变方向。当进行任何网格编辑操作时，考虑到这一点将会使结果更容易预测，算法也较易实现。通过综合变换节点可以方便地得到零件上的倒角、圆角、退刀槽、凸台、凹坑、台阶面等结构，如图5-4所示。

5.1.3.1 节点合并、分离和删除

节点合并是建立低消耗多边形模型时使用的一个重要技术，它可以将两个或多个节点准确融合在一起，合并成一个节点，同时也影响由被合并节点构成的

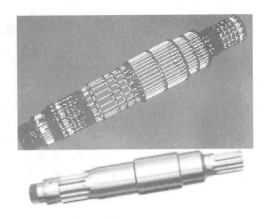

图5-4　建立倒角、圆角、台阶面等

面。合并用来将单独的面结合在一起，形成一个元素，或将元素的面结合起来，形成一个网格对象。例如，在对称模型建模时，通常建立一半的模型，便于使用剖视图。然后镜像得到另外一半模型，通过调整位置使两侧面相交部分的节点重合，先进行连接，然后将重合的节点合并在一起，得到完整的模型，如图5-5所示的拨叉模型。将节点合并在一起后，模型上的间隙将消失，重合的节点被去掉。有两种方法来合并节点：选择一定数目的节点，然后设置合并的阈值或者直接选取合并的点，也可以选择一个或者两个重合甚至不重合的节点。

相反也可以从模型中分离或删除出一部分节点以及相连的面，作为独立的编辑对象。

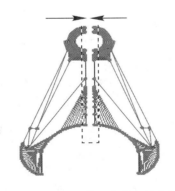

图5-5　"拨叉"模型中节点的合并

5.1.3.2　节点的塌陷

塌陷节点具有破坏性但十分有用，所有选择的节点被合成一个公共节点，如图5-6。也可以用来作为关于一个公用点合并元素的快速方法。这样可以定位重要的绘图点，如塌陷几个节点而建立一个平均点。

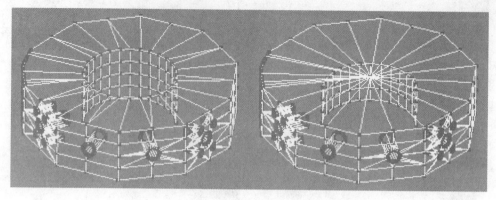

图 5-6 节点的塌陷

5.2 基于多边形变换的建模

由于装备模型复杂，形状各异，在建模过程中，不是一蹴而就的，要经过一些甚至大量的局部模型变换和修改，而基于多边形边转换的建模技术作为有效的功能强大的建模方法，也是计算机图形学领域研究热点之一，并有着广泛的应用。在工程装备重构中，通过多边形转换中插入顶点、插入多边形、挤出、过渡连接、三角剖分及重复三角算法等方法，应用于重构的不连续部分或局部复杂结构区域的建模或修改处理，功能强大，具有很好的针对性和实用性，能取得较好的效果。

多边形作为三维模型中的一个元素，提供了模型的相关信息。对一个或多个多边形，可以使用多种方法对其进行变换，从而实现模型的变换。

多边形在计算机图形学中一般具有 3 个性质：

（1）封闭性：多边形是通过面连接的三条或多条边的封闭序列，任何一条边只有两个端点，且每一个端点即为两条边的交点；

（2）不自交：任何两条边只有在相邻的情况下才相交，并且交点就是边的端点；

（3）有向性：任何一条边都有方向，并且边的方向是一致的。

多边形变换技术作为三维建模的关键技术之一，其各种运算和变换的方法较多，运用比较灵活，需要结合实际模型的特征来确定。

增加几何体复杂程度的最基本方法是增加更多的面，并进行细化算法。多边形曲面是由边来定义的，因此创建或者转换多边形的同时也就构建了新的面。

多边形进行转换有其特点，也不同于曲面，多边形转换包括的运算一般包括：插入顶点、插入多边形、挤出、过渡连接、翻转、三角剖分和重复三角算法等。

5.2.1 插入顶点

根据建模需要可对多边形的边进行细分。一个最简单的方法是顶点线性插值法，这种方法生成速度快，在多边形的某个边上任一位置处添加插入顶点，将边即划分成段，可以连续插入运算细分多边形。

5.2.2 多边形挤出和倒角

挤出多边形时，是将这些多边形沿着法线方向移动一定距离。可以定义基本多边形的大小，形成挤出边的新多边形，并使其与原对象相连，然后重新定义创建新模型，如图 5-7 所示。挤出可以用于多个多边形，该转换比较灵活。

挤出变形的同时可以进行倒角运算。倒角是沿着每一个独立的局部法线执行；也可以先设定相关组，则倒角时沿着每一个连续的多边形组的平均法线来执行运算。如果倒角多个这样的组，则每个组将沿着其自身的平均法线来移动。可以改变给定值的正负和大小，来确定选定的多边形向外或向内挤出，如图 5-8 所示，并使选定多边形的外边界变大或缩小，但其内部多边形的大小保持不变，如图 5-9 所示。

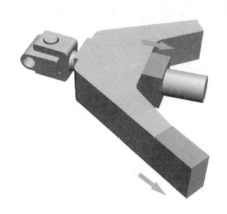

图 5-7 多边形的挤出

图 5-8 向内挤出

5.2.3 插入多边形

为了细化多边形，在其内部可以插入一个相同的多边形。主要利用挤出运算，并设定挤出高度为零，就可以在选定多边形的平面内插入多边形，如图 5-10 所示。插入多边形可以在选定的一个或多个多边形上使用，只有外部边受到影响。

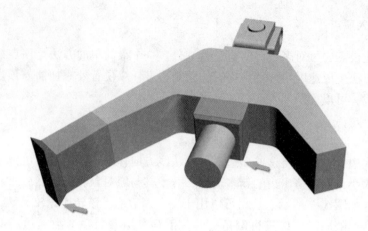

图 5-9 倒角

图 5-10 插入多边形

5.2.4 旋转多边形

多边形可以绕边旋转。边不必是选择的一部分，它可以是网格的任何一条边。另外，选择不一定连续。旋转多边形时，多边形将会绕着某条边旋转，然后创建形成旋转边的新多边形，并与原对象相连。图 5-11 是基本的挤出加旋转效果。

5.2.5 过渡连接

如图 5-12 所示，对于模型上的两个多边形或选定多边形进行过渡连接所采用的就是简单进行多边形对之间的直线连接。

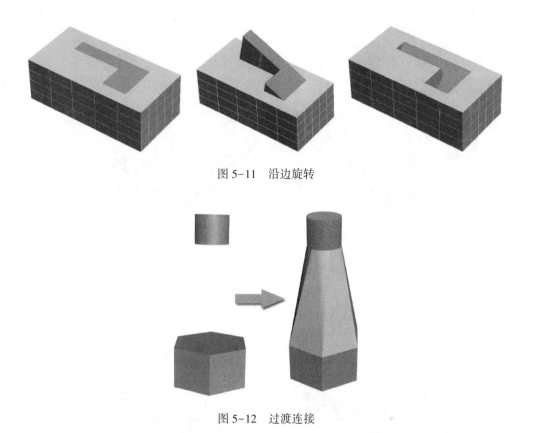

图 5-11　沿边旋转

图 5-12　过渡连接

5.2.6　三角剖分变换和重复三角算法

三角剖分是计算图形学领域中的重要课题之一。三角剖分具有广泛的应用价值，其原因有两方面：（1）三角形作为最简单的平面图形，较其他平面图形在计算机表示、分析及处理时方便得多；（2）三角剖分是研究其他许多问题的前提。三角剖分变换是指通过在多边形内部定义新的边，将该多边形细分为三角形的变换方式，如图 5-13 所示。可以对相同多边形中的两个顶点进行更改。通过约束一些对应特征点的位置，使生成的同构三角剖分具有较好的特征对应。使用"重复三角算法"，如图 5-14 所示，可以优化选定多边形细分为三角形的方式。

5.3　基于网格面变换的零件建模技术

由于机械零件结构复杂，形状各异，在建模过程中，不是一蹴而就的，要经过一些甚至大量的局部结构变换和修改，其中最直接有效的就是使用三维网格修

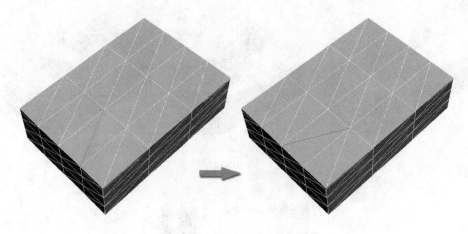

图 5-13 三角剖分

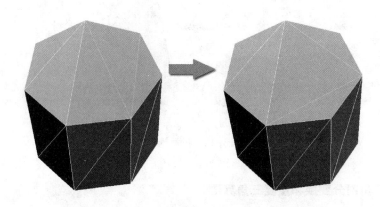

图 5-14 重复三角算法

改。一般来说，在各种模型类型之间转换，网格类型的兼容性非常好，很少发生错误，并且网格模型占用系统资源最少，运行速度最快。网格面技术作为三维CAD 中一种实用且关键的建模技术之一，它涉及网格对象的变换、创建、拓扑关系的改变、面光滑的控制以及法线的控制，赋予表面具体的形状、材质、贴图、光滑组和光反射等多种属性。灵活地运用网格面建模技术，往往对三维模型的好坏起到关键作用，并大大提高设计的质量和效率。

最简单的网格是由空间 3 个节点定义的面，它是复杂网格模型的基础。节点定义面的边界的位置，网格面既定义了表面也给定了法线方向，它是垂直于面的表面的方向，从面的可见侧面指向远处。不同的表面可以分配不同的材质、贴图和光滑组。网格面比节点包含了更多的信息，其中一些三维网格编辑已进行了参数化，并成为计算机图形学领域研究热点之一。

5.3.1 机械零件网格面的基本变换

变换网格面主要有移动、旋转和缩放。类似于移动、旋转和缩放网格节点选择集。一般网格编辑处理的是节点，而不是面、元素或者边界。组成网格对象的面和边界跟随移动的节点到达由节点指定的新位置。当缩放一个元素的时候，实际是在缩放节点的位置，如图 5-15 所示。当旋转面的时候，也是在旋转节点的位置，面根据节点的新位置改变方向。

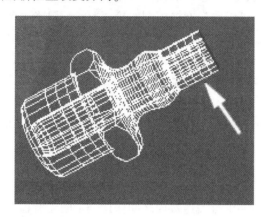

图 5-15 面拉伸缩放为过渡面以及增加段数

5.3.2 机械零件网格面处理

增加几何体复杂程度的最基本方法是增加更多的面。增加网格面的方法较多，例如建立面、细化面等。面是由节点定义的，因此，创建或者复制对象的同时也就创建了节点。指根据存在的节点一个一个地创建新面，实际上就是连接节点的过程。

为了适应模型精度和后续编辑修改的要求，在结构不同部位可以采用不同疏密的网格，整个对象便表现出疏密不同的网格划分形式。细化网格面操作是用来给选择的区域创建附加的节点和面，使网格的密度能够增加。

拉伸和倒角是常用的网格面处理技术。网格面拉伸的作用相当于挤压编辑器，但它是应用于子对象，在实际建模中能发挥更大的效果。拉伸的同时可以进行缩放以获得所需的过渡表面；也可以连续地拉伸以增加对象的分段数，如图 5-16 所示的效果。

倒角首先将面拉伸到需要的高度，然后

图 5-16 端面倒角效果

再缩小或者放大拉伸后的面，表面呈现出圆滑效果。图5-30给出了模型右侧面倒角的例子，只要进行一次处理，该面的外轮廓以及面上所有的元素（如3个孔）全都实现了倒角效果，这对于机械零件的建模非常实用。

5.3.3 网格面的塌陷和爆炸

常用的改变网格面拓扑关系的方法有：塌陷、爆炸、分离、删除以及共面等。塌陷面非常有用，所有选择的面集合被删除，而邻近的面被合并到一个新的公共节点位置，这样可以改变网格模型的轮廓形状。塌陷一个面最多可以删除四个面，包括共享三个边界的面。如图5-17所示，作图经过网格面向下移动和拉伸得到一个孔，右图将左图的孔底面经过塌陷得到一个圆锥孔。通过相似的操作，可以得到各种较为复杂的造型。另外，对于减少大量共面的面，塌陷面也是一种最简捷有效的做法。

爆炸面可以将选择的网格面全部分离，并且可以分解为独立的新对象和内部子元素两种形式。

5.3.4 网格面光滑控制

在机械模型中，要求有关连接面之间保持一定的光滑程度，以达到相应精度和真实效果。如图5-18所示，通过控制给选定面指定相应的光滑组，相邻的面若有匹配的光滑组，则使模型相邻的面之间产生所需的光滑要求，否则面与面之间将产生一个边界。

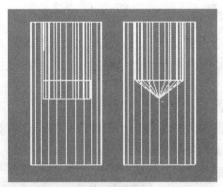

图5-17　塌陷面处理前后效果

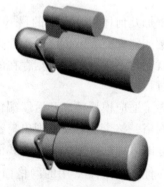

图5-18　面光滑处理前后效果

第6章 工程装备 NURBS 建模

6.1 概述

曲面建模技术是计算机辅助设计和计算机图形学中最为活跃也最为关键的学科分支之一，随着 CAD/CAM 技术的发展而不断完善，渐趋成熟。如今大量的实际应用都要用到曲面的拟合和生成技术。

1975 年，基于 Riesenfeld 的工作，Versprille 将 B 样条理论推广到有理情形，首先提出了非均匀有理 B 样条（Non-Uniform Rational B-Spline，NURBS）的概念。发展至 20 世纪 80 年代后期，NURBS 方法成为曲线曲面建模方法中最为流行的技术。由于 NURBS 方法的突出优点，国际标准化组织（ISO）于 1991 年颁布了关于工业产品数据交换的 STEP 国际标准，将 NURBS 方法作为定义工业产品几何形状的数学描述方法，从而使 NURBS 方法成为曲面造型技术发展趋势中最重要的基础。

NURBS 特别适合于为含有复杂曲线的曲面建模，能够创建出更逼真、生动的造型，原因是它比传统的网格建模方式更好地控制了模型表面的曲线度。NURBS 曲线和曲面在传统的制图领域不存在，是专门针对计算机 3D 建模而出现的。它们是数学表达式构建的，NURBS 数学表达式是一种复合体。NURBS 方法的突出优点是：（1）可以精确地表示二次规则曲线曲面，能用统一的数学形式表示规则曲面与自由曲面；（2）可通过控制点和权因子来灵活地改变形状；（3）对插入节点、修改、分割、几何插值等的处理工具比较有力；（4）具有透视投影变换和仿射变换的不变性；（5）Bezier、B 样条曲线和曲面可看作是 NURBS 的特例，多数非有理 B 样条曲线曲面的性质及其相应算法也适用于 NURBS 曲线曲面，便于继承和发展。

NURBS 作为一种非常优秀的建模方式，在高级三维建模软件中都提供了支持。各种 CAD 软件中的曲线曲面建模功能的核心基础就是各种常用参数曲线理论。如美国 EDS 公司的 UG 软件以 Parasolid 几何造型核心为基础，采用了 NURBS、B 样条、Bezier 数学基础，同时保留解析几何实体造型方法，造型能力较强。法国 Matra 公司的 Euclid 集成系统的曲面由 NURBS 和 Bezier 数学形式表达，通过强大的蒙皮、扭曲、放样、裁剪、联合等运算，系统能够形成复杂的外形。美国 Autodesk 公司著名的 3ds Max 软件和 PTC 公司的 Cero 软件则采用统一的 NURBS 曲线曲面表达。

6.2 NURBS 曲线

NURBS 曲线包括两种：点曲线和 CV 曲线，都可以单独创建，如图 6-1 所示。

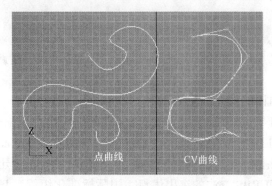

图 6-1 点曲线和 CV 曲线

NURBS 曲线是图形对象，在制作样条线时可以使用这些曲线，将 NURBS 曲线用作放样的路径或图形。也可使用"挤出"或"车削"变换来生成基于 NURBS 曲线的 3D 曲面。

NURBS 有专门的编辑修改工具组。该工具组分为"点""曲线"和"曲面"三部分，分别用于编辑点、曲线和曲面，如图 6-2 所示。

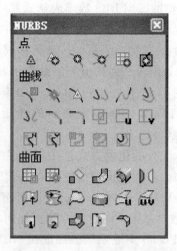

图 6-2 NURBS 编辑工具组

其中曲线工具的功能如下所述。

（1）创建一个独立的 CV 曲线子对象。

（2）创建一个独立的点曲线子对象。

（3）创建一个从属拟合曲线（与曲线拟合相同），用来沿已存在的点创建曲线。拟合曲线根据所拾取依附点的位置自动调整曲线弧度，如图 6-3 所示。

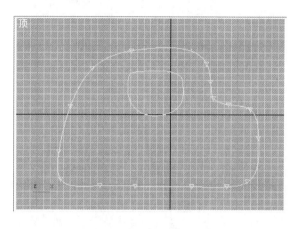

图 6-3　创建从属拟合曲线

（4）创建一个变换曲线。将指定的曲线平行复制出一条新曲线。新曲线与原曲线有关联关系，如图 6-4 所示。

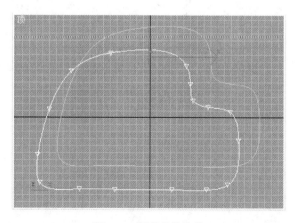

图 6-4　创建变换曲线

（5）创建一个混合曲线。连接两个分离的曲线端点，建立平滑的中间过渡曲线，如图 6-5 所示。

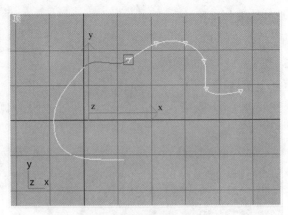

图 6-5 创建混合曲线

（6）创建一个偏移曲线。沿曲线中心向内或向外以辐射方式复制曲线，类似制作轮廓，如图 6-6 所示。

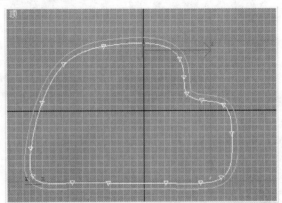

图 6-6 创建偏移曲线

（7）创建一个镜像曲线。对曲线进行镜像复制，如图 6-7 所示。

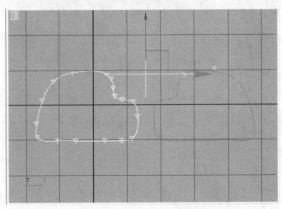

图 6-7 创建镜像曲线

（8）创建一个切角曲线。在两个分离曲线的端点之间建一个直导角，导角的大小可任意调节，如图 6-8 所示。

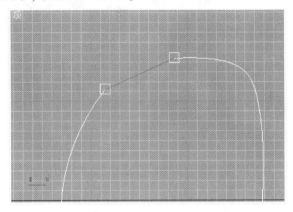

图 6-8　创建切角曲线

（9）创建一个圆角曲线。在两个分离曲线的端点之间建立一个圆导角，导角的半径大小可任意调节，参见图 6-9 所示。

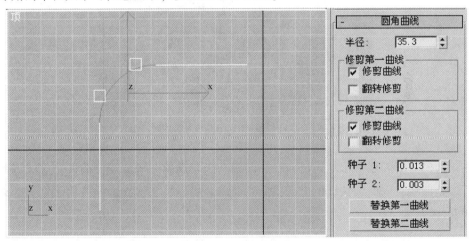

图 6-9　创建圆角曲线

（10）创建曲面–曲面相交曲线。在两个相交的曲面之间创建一条曲线，可以通过这条曲线来剪切相交的曲面，如图 6-10 所示。如同布尔运算，这是一个很常用的工具。

（11）u、v分别创建 U 向等参曲线和 V 向等参曲线。从 NURBS 曲面的等参线创建的从属曲线。可以在曲面上拖动，使用 U 向和 V 向等参曲线来进行修剪曲面，如图 6-11 所示。

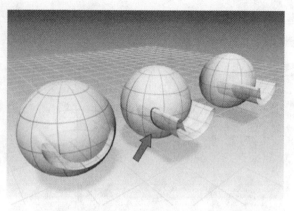

图6-10　使用曲面–曲面相交曲线来修剪曲面

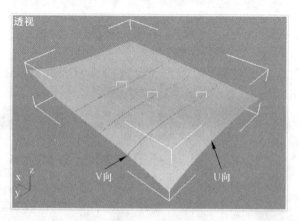

图6-11　U向维度和V向维度中的等参曲线

（12）　创建一个从属法向投影曲线。法向投影曲线依赖于曲面。该曲线基于原始曲线，以曲面法线的方向投影到曲面。可以将法向投影曲线用于修剪，如图6-12所示。

图6-12　使用法向投影曲线修剪曲面

（13）　创建一个从属向量投影曲线。向量投影曲线依赖于曲面。除了从原始曲线到曲面的投影位于可控制的矢量方向外，该曲线几乎与 "法向投影曲线" 完全相同。使用向量投影曲线修剪曲面。

（14）创建一个从属曲面上的 CV 曲线。曲面上的 CV 曲线类似于普通 CV 曲线，只不过其位于曲面上。该曲线的创建方式是绘制，而不是从不同的曲线投射。可以将此曲线类型用于修剪其所属的曲面，如图 6-13 所示。

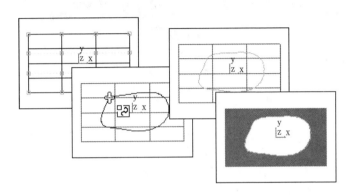

图 6-13 使用曲面上的 CV 曲线修剪曲面

（15）创建一个从属曲面上的点曲线。曲面上的点曲线类似于普通点曲线，但其位于曲面上。该曲线的创建方式是绘制，而不是从不同的曲线投射。可以将此曲线类型用于修剪其所属的曲面，如图 6-14 所示。

图 6-14 使用曲面上的点曲线修剪曲面

（16）创建一个从属曲面偏移曲线。将创建依赖于曲面的曲线偏移。也就是说，父曲面曲线必须具有下列其中一种类型：曲面-曲面相交、U 向等参、V 向等参、法线、投射、投射的矢量、曲面上的 CV 曲线或曲面上的点曲线。该偏移是到曲面的法线。即新曲线按偏移量位于曲面的上方或下方，如图 6-15 所示。

（17）创建一个从属曲面边曲线。曲面边曲线是位于曲面边界的从属曲线类型。该曲线可以是曲面的原始边界或修剪边，如图 6-16 所示。

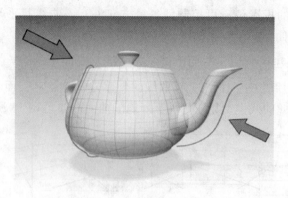

图 6-15 创建曲面偏移曲线

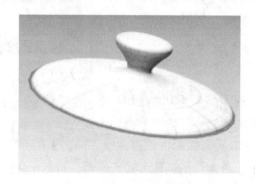

图 6-16 从曲面边创建曲线

6.3 NURBS 曲面

NURBS 曲面建模有两种基本方法：（1）直接创建 NURBS 曲面；（2）将不同种类的多边形对象转化成 NURBS 对象。

6.3.1 创建 NURBS 曲面

NURBS 曲面有点曲面和 CV 曲面两类，如图 6-17 所示。点曲面由矩阵点阵列构成曲面，这些点被约束依附在曲面上，可以对点进行移动修改。CV 曲面由具有控制能力的点组成曲面，这些点不存在曲面上，而是定义控制晶格来封住整个曲面。每个 CV 均有相应的权重，可以调整权重从而更改曲面形状。

也可以从几何体基本体中创建 NURBS 曲面。可以将标准基本体转化为 CV 曲面形式的 NURBS 对象。如果已转化，不能再以参数方式编辑对象，但可以采用作为 NURBS 对象、移动 CV 等方式对其进行编辑，如图 6-18 所示。

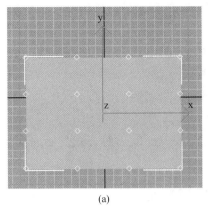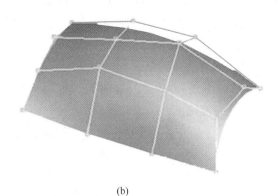

(a)　　　　　　　　　　　　　　　　(b)

图 6-17　点曲面和 CV 曲面

（a）点曲面；（b）CV 曲面

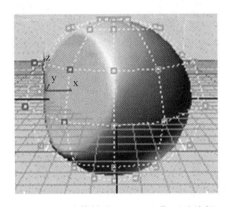

图 6-18　球体转为 NURBS 曲面后编辑

　　不能采用此方法转化大多数扩展基本体对象，但可以将环形结和棱柱扩展基本体转化为 NURBS 对象。也可以转化面片对象和放样复合对象。需要注意的是：几何球体对于创建无尖锐边缘的圆形模型很有效；长方体对于创建具有尖锐边缘的模型很有效；压平的圆锥体适用于轮廓大致是三角形的模型。如果闭合基本体，则转化的曲面是闭合的 CV 曲面，该曲面没有可见的接合口。另外，相关的封口曲面将用于未闭合的封口曲面。

　　NURBS 曲面可以包含多个子对象（包含 NURBS 点、NURBS 曲线和其他NURBS 曲面）。这些子对象既是从属对象也是独立对象。

6.3.2　NURBS 曲面工具组

　　NURBS 工具组如图 6-2 所示。其中用于创建曲面子对象包括如下工具。

　　（1）▦ 创建独立的 CV 曲面子对象。CV 曲面子对象类似于对象级 CV 曲面。

（2）　创建独立的点曲面子对象。点曲面子对象类似于对象级点曲面。这些点被约束在曲面上。

（3）　创建从属变换曲面。将指定的曲面平行复制出一个新曲面，新曲面与原曲面有关联关系。

（4）　创建从属混合曲面。将两个分离的曲面进行连接，在曲面之间产生平滑的过渡曲面。

（5）　创建从属偏移曲面。沿曲面中心向内或向外以辐射方式复制曲面，类似制作外壳，如图 6-19 所示。

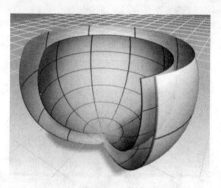

图 6-19　创建偏移曲面

（6）　创建从属镜像曲面。对曲面进行镜像复制。

（7）　创建从属拉伸曲面。将一个曲线拉伸出一个高度，建立一个新曲面，这个曲面与原曲线有关联关系。

（8）　创建从属旋转曲面。将一个曲线子物体进行旋转，创建一个新的曲面。

（9）　创建从属规则曲面。在两个非闭合曲线之间建立一个新曲面，如图 6-20所示。

（10）　创建从属封口曲面。建立一个曲面，沿一条曲线边界将曲面封闭。

（11）　创建从属 U 向放样曲面。将一组连续的曲线作为放样截面，生成一个新的造型表面，这些曲线成为曲面的 U 轴轮廓，如图 6-21 所示。

（12）　创建从属 UV 向放样曲面。UV 放样曲面与 V 放样曲面相似，将一组连续的曲线作为放样截面，但是在 V 维和 U 维包含一组曲线。这会更加易于控制放样图形，并且达到所要结果需要的曲线更少，效果如图 6-22 所示。

（13）　创建从属单轨扫描曲面。与放样原理相同，指定一个路径，在这个路径上可以放置多个截面。

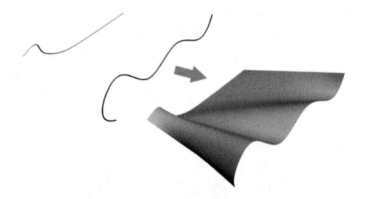

图 6-20　使用两个曲线创建规则曲面

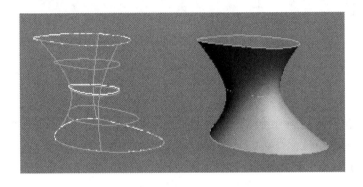

图 6-21　多条曲线创建 U 向放样曲面

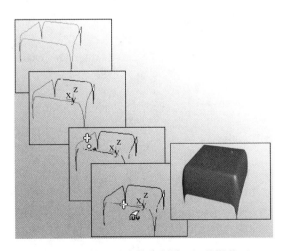

图 6-22　使用垂直曲线创建 UV 放样曲面

（14）创建从属双轨扫描曲面。与创建单轨扫描曲面原理相同，只是可以指定两条路径，在两个路径上可以放置多个截面。

（15）创建从属多边混合曲面。多边混合曲面"填充"了由三个或四个其他曲线或曲面子对象定义的边。与规则、双面混合曲面不同，曲线或曲面的边必须形成闭合的环，即这些边必须完全围绕多边混合将覆盖的开口，如图6-23所示。

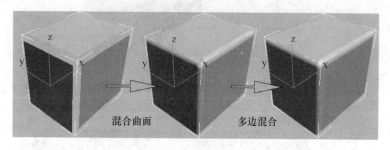

图6-23　创建多边混合曲面

（16）创建从属多重曲线修剪曲面。利用附着在曲面上的多个曲线，对此曲面进行多次剪切。

（17）创建从属圆角曲面。这个工具主要是在两个相交曲面交界处，生成一个附着在两曲面上的平滑过渡曲面。

第 7 章 模型的装配

7.1 装配层次结构关系的建立

工程装备整机装配的过程就是将三维实体零部件按一定的装配逻辑关系组装起来，在计算机上构成一部真实生动的机器。一台工程装备往往有上千个零件，因此合理的装配顺序和方法很重要。一个台装备可以看成是相互间具有确定装配关系的若干零部件的一装配体（Assembly），装配体可分解为不同层次的子装配体（Subassembly），分解最终的结点是零件，因此装配体模型最基本的组成单元是零件。

如图 7-1 所示的某型挖掘机的层次结构的装配模型，树的根节点是整机装配体，它的下节点为枝节点（子系统）、分枝节点（部件）和叶节点，其中叶节点是不可拆分的零件。所有的子装配体的层次结构与整机装配体是一致的，这样递归下去就形成了多层次的结构树。

7.2 零件之间的配合联结关系

装配约束是零件之间相对关系的描述，它反映了零（部）件之间的相互约束关系，包括三维几何约束和拓扑联结关系。在装配模型树中表现了零件的装配特征面之间的几何约束关系。三维几何约束就是装配体内各零部件的几何实体模型中点、线、面等几何元素之间的相互约束关系，它把零部件约束在某个三维几何空间中，使这些零部件只能在此特定的三维空间或固定或运动。可分为 4 类：配合关系、对齐关系、距离关系、接触关系。

部件和部件之间的几何空间关系一般是一种拓扑联结关系，它描述的是一个零件在另一个零件的内部、外部、上面、下面等的定性关系和它们相互之间的距离、角度等定量关系。这种关系可以通过约束关系来描述，最终反映到零件的最基本元素上。一个装配约束作用于两个零件，实质上就是约束分属于两个零件上的两个几何元素，这些几何元素主要有点、直线、二次曲线、平面、二次曲面等。

一个部件的定位必须由两个或两个以上的三维约束来完成。这些约束在建立

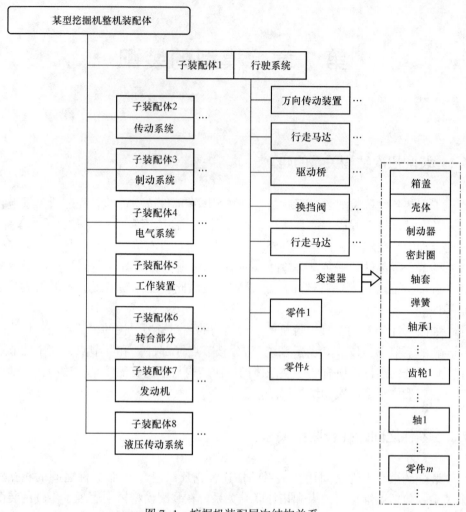

图 7-1 挖掘机装配层次结构关系

装配模型，确定零部件在装配体中的相对空间位置时就建立起来了。它们是装配模型的重要组成信息之一。

连接关系指零件与零件、零件与部件或部件与部件间在装配时通过连接件的约束实现装配的目的。连接在装配中起着重要的作用，通常所采用的连接方式按其使用连接件的不同可分为：螺纹连接、键连接、销连接、联轴器连接和过盈配合连接。

配合关系指配合件间面与面接触的程度，分为间隙配合、过盈配合和过渡配合三种。

运动关系指配合件间相对位置的变化关系，这种关系表现为：相对静止、相对运动二种基本形式。

7.3 零部件的空间位姿信息

零部件在装配体中总是占据一定的空间位置，这一空间位置是通过零部件的空间位姿信息来描述的。一个部件的空间位姿信息由两部分组成：一部分是位置信息，描述部件的空间位置；另一部分是姿态信息，描述部件的方向。部件的平动是通过部件空间的位置的改变来体现的，部件的转动是通过部件的方向的改变来体现的。一般用4×4阶齐次变换矩阵来表达零部件的空间位姿信息，即：

$$T = \begin{bmatrix} X_{v1} & X_{v2} & X_{v3} & 0 \\ Y_{v1} & Y_{v2} & Y_{v3} & 0 \\ Z_{v1} & Z_{v2} & Z_{v3} & 0 \\ X_s & Y_s & Z_s & 1 \end{bmatrix} \tag{7-1}$$

式中有12个变量，其中前3列和前3行构成的3×3阶子矩阵描述部件方向（即姿态），后面3个变量描述部件位置。因此，部件的平动相当于（X_s，Y_s，Z_s）的改变，而部件的转动相当于式中前面的3×3阶矩阵即矢量X_v，Y_v，Z_v的改变。

任何空间位置都是相对的，装配过程会存在局部坐标系、父坐标系、世界坐标系等的变换。

7.4 工程装备模型装配实例

变速器的装配中，按照层次树，以壳体为基准件，以输入轴和输出轴为主控件，其他齿轮、轴承等零部件与轴都存在装配约束关系，包括参数传递关系。其主要过程如图7-2。

图7-3为在壳体中装入轴承、齿轮轴等零部件的过程。图7-4为零部件之间的装配信息，包括层次关系、配合连接关系、空间位姿等信息。

根据上述方法可以完成整个变速器模型的装配，其效果图如图7-5所示。

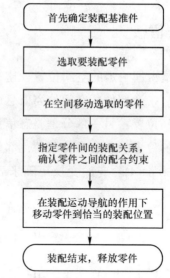

图 7-2 变速器的主要装配过程框图

图 7-3 变速器中齿轮、轴承及齿轮轴等进行装配实例

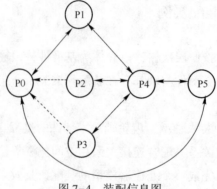

图 7-4 装配信息图

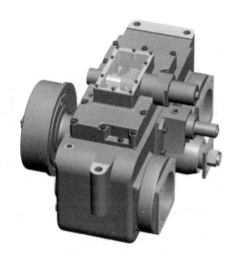

图 7-5 变速器装配模型

相反可以使装配体进行分解，如图 7-6 所示是变速器模型的爆炸分解图。

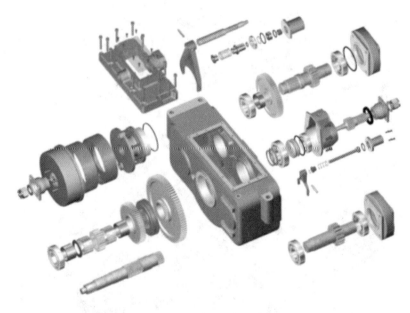

图 7-6 爆炸分解图

挖掘机整机装配按照上述的层次结构关系，以机架作为基准件，然后将已装配好的各子装配体（子系统）分别调整好空间位姿并装入，并完成相应的连接关系，最终生成整机装配模型，部分过程如图 7-7 所示。

图 7-7 挖掘机整机模型装配

第8章 三维模型的剖切处理

重建的三维几何模型可以全方位、动态地显示（旋转、平移、放大、缩小等），但是这并不能满足在工程装备虚拟演练系统中展示和分析复杂零件结构和内部装配关系的需要，因为还需要对零件不同剖视方向和其剖切截面特征以及装配配合连接进行综合研究与多角度认识，而三维实体模型剖切技术比较方便地满足了这一需要。

由于三维模型的剖切处理还没有一个统一的标准，并且三维造型系统有其特殊性和复杂性，如何设计和实现剖切，是工程装备三维重构中面临的难题，也是虚拟演练系统的重要组成部分。因此研究一种面向虚拟演练的工程装备三维模型的剖切处理技术很有必要。应用空间三维模型剖切处理实施任意方向的剖切和开口操作，揭示模型不同角度、不同方向、不同深度的构造特征，可以方便直观地观察到主要局部结构、复杂内部构造、装配特征和变化规律情况，以实现对单个零件的详细结构或整个装配件配合连接关系的全面认识。同时利用剖切技术生成截面轮廓图形，可以作为快速重建同类相似件的初始基本图形或生成的装配截面关系图，也可以方便地检查复杂装配关系的干涉性与合理性。

8.1 三维模型剖切的划分和剖切面的构造

8.1.1 三维模型剖切的划分

国标中对三维造型的剖视分类没有明确定义。三维剖视分类的依据主要根据国家颁布的机械制图国家标准定义了剖视图的种类与剖切面及其剖切方法。现行标准将剖切面划分为 5 种，即单一剖切面、两相交的剖切平面（旋转面）、几个平行的剖切面（阶梯剖）、组合的剖切平面（复合剖）和不平行于任何基本投影面的剖切平面（斜剖）。结合工程装备三维建模自身的特点，根据剖切面和剖切方法的不同对三维模型的剖切划分如图 8-1 所示。

在工程装备三维剖切中大量应用的是平面剖切。根据剖切面的相对位置不同，平面剖切又分为平行面剖切、垂直面剖切和复合面剖切。其定义如下：

（1）平行面剖切：用一个或几个平行于某基本平面的剖切平面剖切三维实体；

（2）垂直面剖切：用一个或几个垂直于某基本平面或不平行于其他任何基本投影面的剖切平面剖切三维实体；

（3）复合面剖切：用组合的基本投影面平行面与垂直面一起剖开三维实体。根据剖切面数量的不同，可以将以上 3 种类型继续细分（图 8-1）。

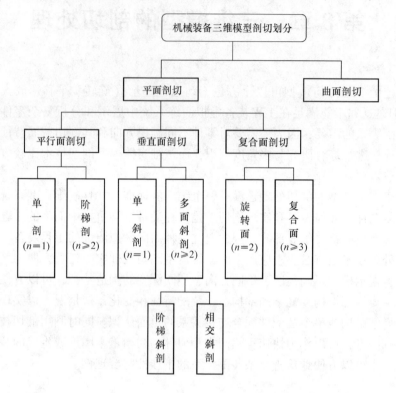

图 8-1 工程装备三维模型的剖切划分

n—剖切面数量

8.1.2 三维机械零件模型剖切面的构造

工程装备中零件模型的剖切所用到最多的剖切面是一个平面或复合平面。本文构造剖切面的方法是以三维实体上的某些元素（顶点、直边、轴、面）为基准来进行构造。这样构造既方便迅速，又可以获得剖切面准确的初始位置。构造单一剖切面的方法归纳为表 8-1 所示。

构造了剖切面后，它的初始位置可以通过三维空间变换，调整到需要的准确的剖切位置。剖切面用构造剖切面所采用的基准元素和剖切面的移动变换阵结合来表示。这样构造出来的剖切与零件之间的装配关系无关。当零件之间的装配关系发生改变后，利用原始的参考元素和变换阵能够重新计算出剖切面的位置，根据新的要求来完成剖切。

表 8-1 机械零件的单一剖切面的构造方法

构造方法分类	定位基准	示例
三点面	实体上任意三个不在一条直线上的顶点确定一个剖切平面	
点边面	实体上的一个直边和不在这条直边所在直线上的一个顶点确定剖切平面	
边边面	实体上两条共面但不共线的直边确定剖切平面	
轴点面	用旋转体的轴和实体上的一个顶点确定一个剖切平面	
轴边面	用共面但不共线的一条轴和一条直边确定一个剖切平面	
轴轴面	用共面但不共线的两条旋转体的轴确定一个剖切平面	
平面	实体上的一个平面本身就可以确定一个剖切平面	

8.2 机械零件三维模型剖切

图8-2～图8-7为对工程装备三维零件模型实施剖切的实例。在工程装备三维模型剖切中实施平面全剖、复合剖、旋转剖等类型的频率很高，具有代表性。通过对零部件及装配模型施以多种剖切或不同组合，揭示模型不同角度、不同方向、不同深度的构造特征，能够准确直观地认识主要局部结构、复杂内部构造以及装配连接关系，为装备的虚拟展示提供了很好的途径，取得了满意的效果。

 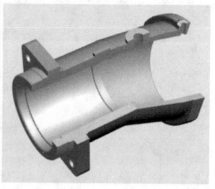

图8-2　换挡阀体全剖视　　　　图8-3　行走马达1/4剖切及旋转剖

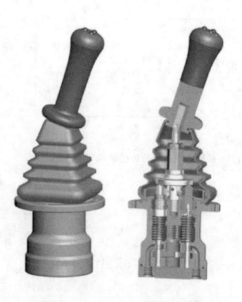

图8-4　先导操纵阀装配模型剖切

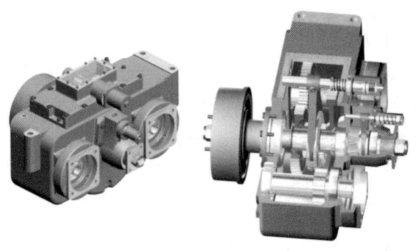

图 8-5 变速箱装配模型局部剖切

图 8-6 驱动桥装配模型中壳体阶梯剖切

图 8-7 发动机装配模型复合剖切

8.3 零件剖面轮廓图的生成

结构复杂的三维实体模型通过剖切之后，进一步在三维空间中将剖面轮廓线表达出来，显示任意位置的横剖面、平切面的轮廓图形，有助于检查复杂局部结构造型的正确性。同时生成的截面图形提供了十分有用的轮廓线形状信息，为快速构建同类相似件提供了方便。对装配模型截面图进行分析，可以检查复杂装配关系的干涉性与正确性。此外，也可以进一步通过适当调整和数学映射将其转化为规范的二维 CAD 剖面图。

零件剖面图在三维空间中的定位参数包括：剖面图的起始点坐标 (x_1, y_1)、终点坐标 (x_2, y_2)、剖面底部和顶部高程 z_1 和 z_2。如图 8-8 所示，T 为观察者在起点看到剖面顶部向左偏移的距离，则剖面的倾角 β_0、长度 u_0、宽度 v_0 及剖面与 x 轴的夹角 α_0 的计算式为：

$$\begin{cases} \beta_0 = \mathrm{arcot}\left[(z_2 - z_1)/T\right] \\ u_0 = \sqrt{(x_2 - x_1)^2 + (y_2 - y_1)^2} \\ v_0 = \sqrt{(x_2 - x_1)^2 + T^2} \end{cases} \tag{8-1}$$

$$\alpha_0 = \begin{cases} \pi/2 & \text{当 } x_1 = x_2,\ y_1 \neq y_2 \\ \arctan\left[(y_2 - y_1)/(x_2 - x_1)\right] & \text{当 } x_1 < x_2 \\ -\mathrm{arcot}\left[(y_2 - y_1)/(x_2 - x_1)\right] & \text{当 } x_1 > x_2 \end{cases} \tag{8-2}$$

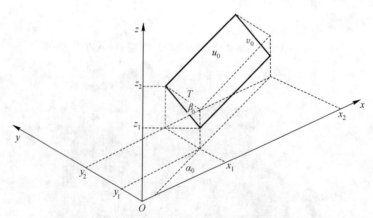

图 8-8 剖面图空间定位示意图

然后，针对剖面建立局部坐标系，以 (x_1, y_1, z_1) 为原点，以 u_0，v_0 为坐标轴，则剖面上任一点 (u, v) 与总体坐标 (x, y, z) 之间的运算关系如下式：

$$\begin{cases} x = x_1 + u \cdot \cos\alpha - v \cdot \cos\beta \cdot \sin\alpha \\ y = y_1 + v \cdot \cos\beta \cdot \cos\alpha + u \cdot \sin\alpha \\ z = z_1 + v \cdot \sin\beta \end{cases} \qquad (8-3)$$

式中，当 $\beta = 0°$ 时绘制的为水平剖面图，当 $\beta = 90°$ 时绘制的为垂直剖面图。这样就可以得到三维空间中任意剖面的信息。

如图 8-9 所示，对发动机机体进行横向、纵向和高度方向多处剖切，得到分别如图 8-10~图 8-12 所示的 3 个方向的截面图形。

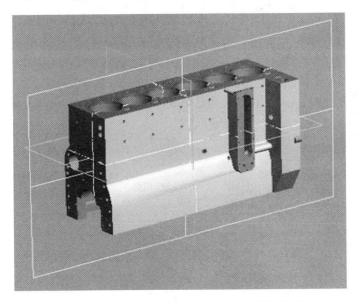

图 8-9　对发动机机体的 3 个方向进行剖切分析

```
 minZ = meshSelected. min. z
maxZ = meshSelected. max. z
numLevels = 5          --产生截面数量
delta = (maxZ - minZ) / (numLevels + 1)
for currentZ = minZ to maxZ by delta do
(
    s = section pos：[0, 0, currentZ]
    max views redraw
    convertToSplineShape s
    s. renderable = true
)
```

图 8-13 所示为回转减速箱装配模型剖切所得二维截面轮廓线，可以帮助检查装配的连接关系。另外快速生成的二维配截面图形，可以方便地建立与此相配

合零件的对应二维轮廓线，然后利用二维转三维的建模方法容易建立相配合零件三维模型。

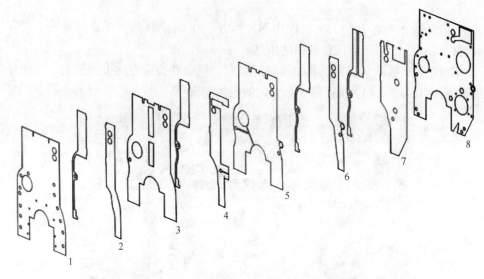

图 8-10 横向剖切发动机机体所得各截面

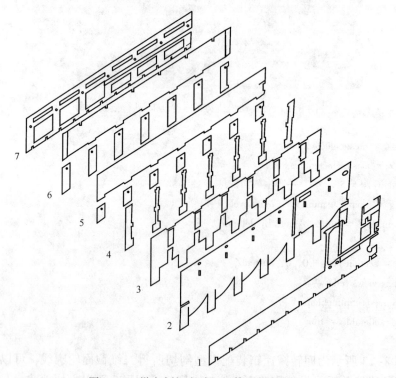

图 8-11 纵向剖切发动机机体所得各截面

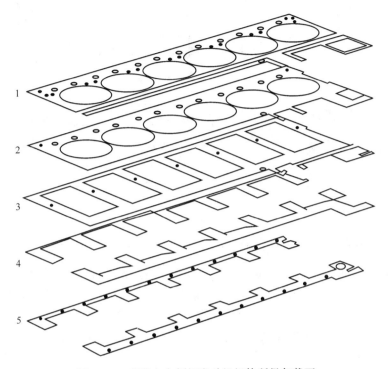

图 8-12 高度方向剖切发动机机体所得各截面

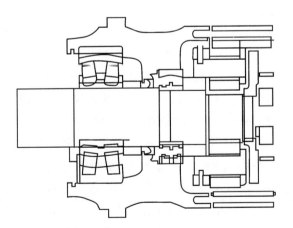

图 8-13 回转减速箱装配模型剖切所得二维截面轮廓线

第 9 章 粒子系统

粒子系统可以用来控制密集对象群的运动效果，可以创建液体流动、雨、暴风雪、云、火、烟雾以及爆炸等动态效果，可用于制作影视片头动画、影视特效、工程装备虚拟场景特效、液压系统液流运动效果等。

9.1 粒子系统

粒子系统是一个复杂的动态系统。系统中已有粒子随着时间不断改变形状、不断运动，伴随着新粒子的加入，旧粒子也不断消失。粒子造型是由 W. T. Reeves 在 1983 年提出的一种粒子随机模型，它是采用大量有一定生命和属性的微小粒子图元作为基本元素来绘制一个或多个对象，作为单一的实体来管理特定的成组对象。粒子图元的形状可以是小球、椭球、立方体或其他形状，此外每个粒子还具有大小、颜色、透明度、运动速度、运动方向以及生命周期等属性。每个粒子的位置、取向及动力学性质都由一组预先定义的随机过程来说明的。可以将所有粒子对象组合为单一的可控系统，方便使用统一参数修改所有对象，具有良好的"可控性"和"随机性"。粒子在系统中要经过产生、运动和消亡 3 个阶段，在这 3 个阶段中粒子的大小和形状随时间变化，其他性质如粒子的透明度颜色和运动都将随机变化，从而充分体现出不规则对象的动态性和随机性，很好地模拟了液流、行云和火燃烧等自然景观与多样的视觉特效，也可模拟材料、化学、生物等学科中粒子的动态变化及形态。

3ds Max 提供了两种不同类型的粒子系统：事件驱动型和非事件驱动型。事件驱动粒子系统，又称为粒子流，它测试粒子属性，并根据测试结果将其发送给不同的事件。粒子位于事件中时，每个事件都指定粒子的不同属性和行为。在非事件驱动粒子系统中，粒子通常在动画过程中显示一致的属性。3ds Max 粒子系统提供了喷射、雪、超级喷射、暴风雪、粒子阵列和粒子云等模块。

9.1.1 粒子系统模块

（1）喷射：常用于制作喷射的水流、喷泉、下雨等动画效果。其主要包括粒子、渲染、计时、发射器 4 个参数组，具体参数及用法见表 9–1。

表 9-1 粒子系统参数

参数组	参数	参数含义
粒子	视口计数	设置指定帧处视口中显示的最大粒子数量
	渲染计数	渲染指定帧时，设置可以显示的最大粒子数量
	水滴大小	设置水滴粒子的大小
	速度	设置每个粒子离开发射器时的初始速度
	变化	设置粒子的初始速度和方向。值越大，喷射效果越强，喷射范围越广
	水滴/圆点/十字叉	设置粒子在视图中显示的形状
渲染	四面体	粒子渲染为四面体形状
	面	粒子渲染为正方形面
计时	开始	设置第 1 个粒子出现的帧的编号
	寿命	设置每个粒子的寿命（存在时间）
	出生速率	设置每一帧产生的粒子数
	恒定	选择此复选项后，则不能设置"出生速率"参数
发射器	宽度/长度	设置发射器的宽度和长度
	隐藏	设置发射器在视图中不显示

（2）粒子流源：事件驱动粒子系统，常用于制作复杂的动画效果，如爆炸、碎片以及火焰、烟雾等动画效果。

（3）超级喷射：与"喷射"相似，用于制作更为复杂的喷射动画。

（4）雪：用于制作下雪、火花飞溅、碎纸片飞洒等动画效果。

（5）暴风雪：与"雪"类似，制作更为复杂的翻飞、飞洒等效果。

（6）粒子阵列：制作更为复杂的粒子群动画。

（7）粒子云：制作不规则排列运动的物体，如飞翔的鸟群等。

9.1.2 空间扭曲

空间扭曲能创建使其他对象（如粒子系统）变形的力场，从而创建出涟漪、波浪和风吹等效果。空间扭曲常配合粒子系统完成各种特效任务，没有空间扭曲，粒子系统将失去意义。

空间扭曲是影响其他对象外观的不可渲染对象。空间扭曲的行为方式类似于修改器，只不过空间扭曲影响的是世界空间，而几何体修改器影响的是对象空间，并且空间扭曲总是在所有变换或修改器之后应用。创建空间扭曲对象时，视口中会显示一个线框来表示它。可以像对其他 3ds Max 对象那样变换空间扭曲。

空间扭曲的位置、旋转和缩放会影响其作用。空间扭曲只会影响和它绑定在一起的对象。扭曲绑定显示在对象修改器堆栈的顶端。

一些类型的空间扭曲是专门用于可变形对象上的，如基本几何体、网格、面片和样条线。其他类型的空间扭曲用于粒子系统，如"喷射"和"雪"。当把多个对象和一个空间扭曲绑定在一起时，空间扭曲的参数会平等地影响所有对象。不过，每个对象距空间扭曲的距离或者它们相对于扭曲的空间方向可以改变扭曲的效果。由于该空间效果的存在，只要在扭曲空间中移动对象就可以改变扭曲的效果。

空间扭曲包含了多种类别：力、导向器、基于修改器、粒子和动力学等。

9.1.2.1 力

"力"空间扭曲可以模拟环境中的各种"力"效果，能创建使其他对象变形的力场，从而创建出爆炸、涟漪、波浪等效果。系统提供有10种不同"力"空间扭曲。

"重力"空间扭曲可以在粒子系统所产生的粒子上对自然重力的效果进行模拟。重力具有方向性，沿重力箭头方向的粒子加速运动，逆着箭头方向运动的粒子呈减速状。

"风"空间扭曲可以模拟风吹动粒子系统所产生的粒子的效果。风力具有方向性，顺着风力箭头方向运动的粒子呈加速状，逆着箭头方向运动的粒子呈减速状。在球形风力情况下，运动朝向或背离图标。

9.1.2.2 导向器

"导向器"空间扭曲用于使粒子偏转，起到了导向或防护的作用，通常与"重力"等空间扭曲结合使用。如图9-1所示。

图9-1 使用两个导向器的效果

9.1.2.3 波浪

"波浪"空间扭曲属于几何/可变形,可以制作水面波浪或者旗子随风飘动的效果。控制波浪效果的选项主要:振幅、波长、相位、衰退、显示、弹性等。

9.1.2.4 涟漪

"涟漪"空间扭曲可以制作水面涟漪效果。控制涟漪效果的选项主要:振幅、波长、相位、衰退、显示、弹性等。

9.1.2.5 爆炸

"爆炸"空间扭曲可以制作对象爆炸的动画效果。通过控制"强度"参数设置爆炸力。较大的数值能使粒子飞得更远。对象离爆炸点越近,爆炸的效果越强烈。设置"自旋"参数确定碎片旋转的速率。这也会受"混乱度"参数(使不同的碎片以不同的速度旋转)和"衰减"参数的影响。"衰减"参数表示爆炸效果距爆炸点的距离,以世界单位数表示,超过该距离的碎片不受"强度"和"自旋"设置影响,但会受"重力"设置影响。

使用空间扭曲的一般步骤如下。

(1)创建空间扭曲。

(2)把对象和空间扭曲绑定在一起。注意:对于使用粒子系统的空间扭曲,这仅适用于非事件驱动粒子系统。空间扭曲不具有在场景上的可视效果,除非把它和对象、系统或选择集绑定在一起。

(3)调整空间扭曲的参数。

(4)可以使用"移动""旋转"或"缩放"来变换空间扭曲。变换操作通常会直接影响绑定的对象。还可以通过给绑定到扭曲上的对象制作变换操作动画,使空间扭曲效果动起来。

9.2 粒子系统的创建

如果要建立对象或效果的模型,以便最好地描述行为方式类似的类似对象的大集合,可以创建粒子系统。雨和雪就是此类效果的典型示例,水、烟雾、蚂蚁、甚至人群也是等效的示例。

创建粒子系统包括以下基本步骤。

(1)创建粒子发射器。所有粒子系统均需要发射器。有些粒子系统使用粒子系统图标作为发射器,而有些粒子系统则使用从场景中选择的对象作为发射器。

(2)确定粒子数。设置出生速率和年龄等参数以控制在指定时间可以存在的粒子数。

（3）设置粒子的形状和大小。可以从许多标准的粒子类型（包括变形球）中选择，也可以选择要作为粒子发射的对象。

（4）设置初始粒子运动。可以设置粒子在离开发射器时的速度、方向、旋转和随机性。发射器的动画也会影响粒子。

（5）修改粒子运动。可以通过将粒子系统绑定到"力"组中的某个空间扭曲（例如"路径跟随"），进一步修改粒子在离开发射器后的运动，也可以使粒子从"导向板"空间扭曲组中的某个导向板（例如"全导向器"）反弹。注意：如果同时使用力和导向板，一定要先绑定力，再绑定导向板。

工程装备大都使用了液压系统，拥有大量的液压元件和液压管路，在对大量相关液压原理和操作模拟建模中，可以借助粒子系统对液压油液建立动态效果。可以通过创建"喷射"粒子系统，调整好参数，再控制动画时间，实现油液流动效果。还可绑定"导向器"空间扭曲，实现油液碰壁、改向、增加等效果。液压转向系部分油液流动效果如图9-2所示，转向器剖视图中油液流动效果如图9-3所示。

图9-2　液压转向系部分油液流动模拟

如图9-4~图9-6所示，实现发动机不同转速时流量控制阀中油液的不同流动效果。

图9-7~图9-9所示的溢流阀动作油液流向模拟。

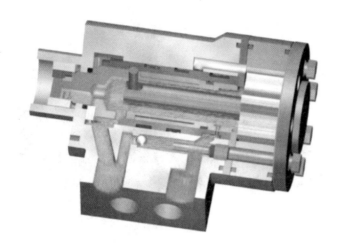

图 9-3 转向器剖视图中油液流动模拟

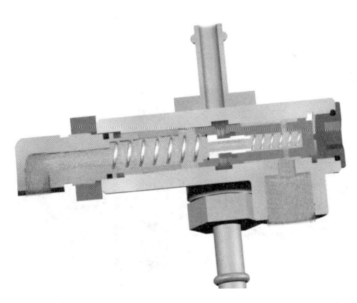

图 9-4 发动机低速转动时流量控制阀中油液流动模拟

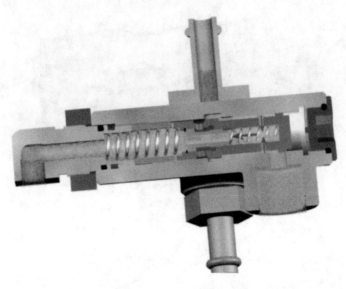

图 9-5 高速转动时流量控制阀中油液流动模拟

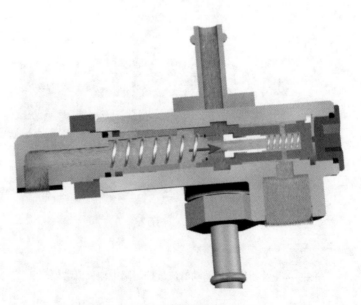

图 9-6 超压时流量控制阀动作模拟

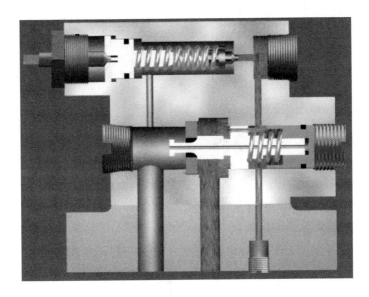

图 9-7 溢流阀低压时油液动作效果图

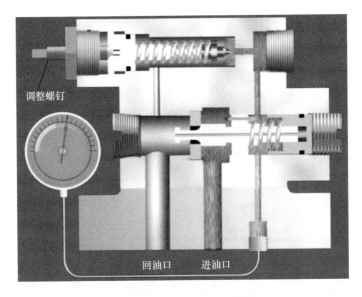

图 9-8 溢流阀降压时油液动作效果图

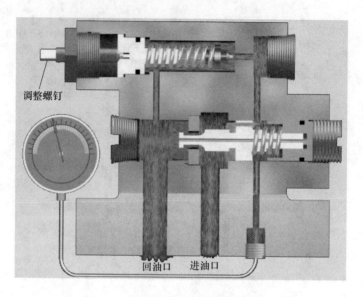

图 9-9 溢流阀升压时油液动作效果图

第10章 基于特征的工程装备典型零件快速造型模块

在工程装备三维重构过程中，由于轴、套、齿轮、等常用的典型零部件具有很高的使用频率，对于这些经常重复出现、特征相似性大的零件仍需要花费很多时间进行大量的重复性建模，导致造型效率不高，不能满足三维重构快速化的要求。这些常用的典型零件的特点包括：（1）使用频繁，形式多样，参数较多。仅圆柱齿轮，其三维模型必须传递的参数就有几十个，包括基本参数、中间计算参数、查询表格所得数据等；（2）三维实体结构较复杂，建模时间长，难以实现准确造型。例如斜齿圆柱齿轮，它的齿面呈螺旋分布，必须采用高级造型技术以及一些造型技巧方可实现。（3）对于同一类型，结构相对固定，通过对常用件典型结构的归纳，如齿轮的20多种基本类型，在此基础上其余类型均可通过变化来实现。

为了大大减少重复性工作，迅速提高三维重构效率，在 3ds Max 平台下，运用 MAXScript 高级语言进行基于特征的机械零件快速造型模块开发，建立特征相似的常用典型件的模型基础库，通过输入新的尺寸或修改局部尺寸即可快速获得需要的特征相似的模型，包括形状、材质、灯光等特征。

10.1 工程装备典型零件特征建模技术

10.1.1 工程装备典型零件特征建模

特征是参数化的几何单元，由面、环、边、点、中心线等几何要素组成，强调"面"的概念。根据特征表达的工程语义可以将特征划分为：形状特征、精度特征、材料特征、技术特征、有限元特征、加工特征、装配特征、管理特征等。特征建模（特征造型）技术有两种途径：基于特征设计的建模方法和基于特征识别的建模方法。基于特征设计的建模是预先定义好大量的特征库，由设计者直接操作特征库中的特征及其关系来完成建模。基于特征识别的建模首先要识别出几何模型中的各类特征，然后计算特征实例参数，将它们从几何模型中抽取，并以合适的形式组织起来，该方法依赖于识别能力的大小。

一些著名的 CAD 软件中已经具备了特征造型的能力，但它们都是面向设计和制造全过程的，要求的特征信息过多，过于庞大和复杂，具有一般性而没有针对性。基于工程装备常用的典型零件的特征建模不但包括形状重建，也包括材质和灯光等特征，但不面向零件的加工制造，对于其他非几何信息，如公差、材料、制造过程的工艺规则等信息则不做考虑。在此基础上建立专门的工程装备典型零件形状特征库，因此更具有针对性、适用性和快速性。

10.1.2　常用典型零件形状特征分类的确定

特征分类是用参数形式表达特征，是实现特征建库的基础，便于用良好的层次关系和属性继承机制表达特征参数和属性，使特征的表示简洁、适用和方便。特征的分类取决于特征的定义与应用领域，即特征的分类不仅和特征的定义紧密相连，且不同的应用领域有不同的分类内容。特征分类的这些特点，导致特征分类多种多样，CAD 软件等商用系统从构建几何形体过程出发采用扫描分类法，分类原则是根据特征的复杂度。

工程装备常用典型零件的形状特征分类如图 10-1 所示。在特征隐式表示中，一般通过特征的分类，用特征名称隐含确定特征的拓扑结构，形状尺寸大小用一组参数来表达。隐式特征在模式层进一步分为简单体特征、复合体特征、过渡特征、分布特征和几何要素特征。

（1）简单体特征：指的是单一体特征，又可进一步分为凸特征和凹特征。凸特征和凹特征是根据体特征的封闭面所包围的封闭体占有材料（非空）还是主分别定义的。凸特征又进一步分为规则体和非规则扫描体。规则体包括长方体、圆柱体、圆锥体、回台体、圆环体以及球体等，规则体可用于简化参数化例化过程。非规则扫描体包括直线扫描体、旋转扫描体、任意路径扫描体以及回转体等。凹特征包括各种槽特征（通槽、盲槽、V 型槽、T 型槽、燕尾槽）、管道特征（非圆截面管道、通孔）、阶梯特征（阶梯、盲阶梯）以及四坑特征（型腔特征、盲孔特征）。

简单体特征的形状由形状参数控制。长方体的形状参数为长 l、宽 w、高 h；球的形状参数为半径 r；圆柱体的形状参数为半径 r 和高度 h；拉伸体的形状参数为拉伸高度和轮廓控制参数；旋转体的形状参数为旋转轴和截面轮廓控制参数。

（2）复合体特征：是由简单形状特征的集合构成的特征，如阶梯孔、阶梯轴等。组成复合体特征的单个简单体特征之间是相互连接的。

（3）过渡特征：指的是组成零件的辅助特征，它描述的是零件的次要几何形状，依附于主要形状特征，如导角、导边等。过渡特征根据其对主要特征是导角或是导边而进一步分为角过渡特征和边过渡特征，并可根据是平边（面）导或是圆边（球角）导再细分为平边（平面）过渡和圆（球）过渡。

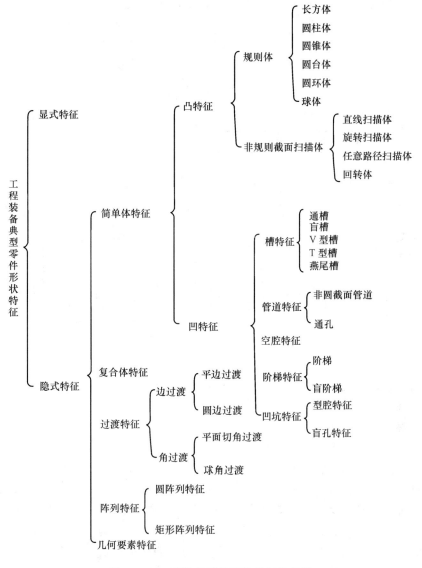

图 10-1 工程装备零件形状特征的分类

（4）阵列特征：是简单特征或复合特征按照一定的规则排列成具有一定功能、工艺或者结构特点的特征群。每一个特征都具有相同的结构和参数，并且每一个特征之间互不相连。根据分布方式，阵列特征进一步分为圆阵列特征和矩形阵列特征。

（5）几何要素特征：指的是在对形状特征进行几何操作时，根据需要所提取出的几何要素（点、线、面），包括轮廓要素、中心要素等。

工程装备中齿轮的特征分类树如图 10-2 所示。

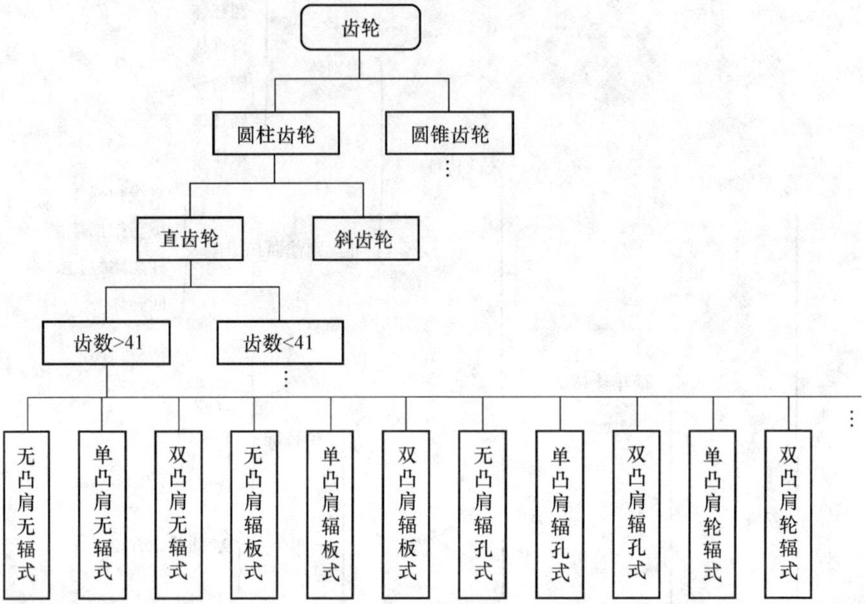

图 10-2 工程装备中齿轮特征分类树

10.1.3 工程装备零件的层次式特征造型

从技术实现方面考虑，特征造型的关键是特征的定义和表达。机械零件可以看成由若干特征按层次关系构成，如图 10-3 所示。仅就形状结构特征而言，根据特征生成的性质不同，可以进一步划分为主特征和辅特征。主特征是指用于构造零件的基本几何形体，自身可以独立存在的，如箱体、旋转体、齿轮毛坯、轮毂等。辅特征则是指自身不能独立存在而必须依附于已存在的形状之上的特征，是对主特征的局部修饰，反映了零件几何形状的细微结构，如孔、退刀槽、倒角、螺纹等。同时根据特征形成过程的不同，辅特征可进一步分为加（材料）特征和减（材料）特征。

特征关系是指特征类之间、特征实例之间、特征类与特征实例之间的联系，特征关系可以分为以下几类。

（1）继承关系：继承关系构成特征之间的层次关系，位于层次上级的称超类特征，位于层次下级的称亚类特征。亚类特征继承超类特征的属性和方法，例如，圆柱孔和孔的关系，此类关系用 AKO（A-Kind-Of）表示；另一类继承关系，指特征类与该特征实例的关系，此关系用 INS（Instance）表示。

（2）邻接关系：反映形状特征之间的相互位置关系，用 CONT（Connect-To）

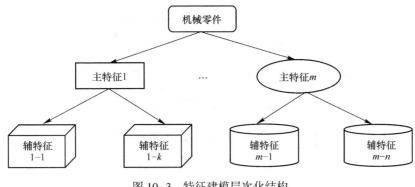

图 10-3 特征建模层次化结构

表示。例如，一根阶梯轴，相邻两个轴段的关系为邻接关系。

（3）从属关系：描述形状特征之间的依从或附属关系，用 IST（Is-Subordinate-To）表示。例如，倒角与它所在的圆柱体的关系。

（4）引用关系：描述特征类之间或实例之间作为关联属性而相互引用的关系，用 REF（Reference）表示。引用特征主要存在于形状特征对非形状特征的引用。

10.2 基于特征的工程装备典型零件快速造型模块开发

10.2.1 模块的总体结构和功能框架

基于特征的典型零件快速造型模块依附在开放性好的 3ds Max 三维造型系统上，利用 MAXScript 语言进行二次开发。图 10-4 所示为模块开发的简单原理结构图。

基于 MAXScript 编程实现，构建的三维重构工具以插件的形式嵌入 3ds Max，既可以作为独立的三维建模工具，又可以作为三维重构系统和 VR 系统提供数据源。

预设的特征均放在特征库中，建立的基本体素放在基本体素库中。造型时，用户从特征库中选择所需特征，通过特征定义模块，设定特征参数及非几何信息（材质、灯光等），并将它们存入用户自己的数据库中，然后利用造型系统的造型功能，进行特征拼合，生成零件，并将所形成的几何、拓扑信息存入 CAD 系统内部的数据库中。

特征内部和特征之间都存在复杂的联系。增加、删除以及修改特征时，要重新建立联系以保持特征模型的完整性和一致性。特征形状的修改有局部修改和全局修改两种。局部修改不改变空间关系和拓扑关系，如修改特征的尺寸；全局修

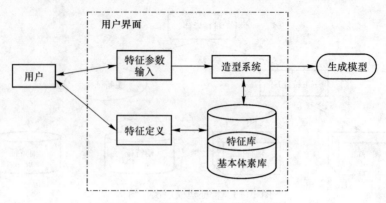

图 10-4　特征建模模块的结构图

改引起特征之间的空间关系以及低层几何元素之间拓扑关系的改变，如增加和删除特征，在这种情况下，需重新计算空间关系和拓扑关系。

　　工程装备典型零件造型模块的功能构成如图 10-5 所示。随着进一步的开发和功能的完善，其包含特征库可以不断增加，并且常用标准件也可以集成到模块中。

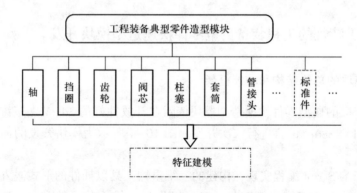

图 10-5　模块的功能框架

10.2.2　特征造型模块的开发

　　该模块的开发简化了典型零件的建模过程，提高了建模效率，有助于工程装备三维几何模型重建工作快速和顺利地开展；并具有良好的扩展性，随着进一步完善，有助于推动工程装备典型零件建模的规范化和高效化，为后续的再开发发挥积极作用，起到事半功倍的效果。

　　3ds Max 支持的开发语言有 MAXScript 和 VC++语言。作为一种面向对象的程序语言，MAXScript 是一种基本表达式的语言，每一种语言点的结构都是以表达式的形式出现的，而这种结构就是其他程序设计语言中的段。它具有很多其他程序语言所不具备的特点和结构。其对变量的定义和函数的声明之类的语法规则和格式化规则非常少，可以在任何地方输入表达式而不必考虑它是否会影响程序的运行情况，可以在 MAXScript 语言中自己定义任何结构。

使用 MAXScript 语言进行程序开发时主要包括 3 大步骤：编写源文件、源文件调试、源文件运行。

10.2.2.1 MAXScript 语言实现的功能

MAXScript 语言已发展成为一种功能强大的三维可视化开发语言，通过它并结合 SDK 可以随心所欲地控制三维空间，这包括模型的建立、修改、动画设置、渲染、特效、角色动画等，通过它可以把枯燥的科学计算结果用直观可视化的方式展示出来，并可实现适时控制与仿真。MAXScript 可以运用 3D 矢量、矩阵、四维数等代数工具来完成高级复杂的程序设计任务，适用于对含有大量对象的集合进行操作。

（1）实现建模、动画设计、材质调制、灯光设置、渲染处理等重要功能。

（2）通过命令行和跟踪器窗口实现交互控制，以人机对话方式进行操作。

（3）将 MAXScript 程序打包到用户自定义的工具、卷展栏，或模态窗口中，从而实现用户对软件的功能和界面上的二次开发。扩展或替换用户建模、材质、纹理贴图、渲染、环境特效的人机交互界面。

（4）可以应用数学函数生成各种对象。

（5）以 MAXScript 命令的方式记录在 3ds Max 中的操作。

（6）用内嵌的文件 I/O，建立自定义 IMPORT/EXPORT。

（7）通过自动的 OLE 与其他系统实现动态交互。

（8）编写程序化的控制器，通过它可以任意控制场景中的状态。

（9）开发的建模、材质、渲染等方面的插件，打包加密后可作为商业化软件出售。

10.2.2.2 模块总界面与子模块的设计

通过 MAXScript 可以自由定制用户界面，创建所需的工具卷展览、对话框、按钮等，并将开发的某些功能命令或模块集成其中，从而实现以 3ds Max 为平台开发出自己的模块和软件。模块以卷展栏和对话框的形式与用户交互，界面友好，操作简单。

下面给出该模块基本框架的 MAXScript 源程序片段。

```
utility LJMK"工程装备典型零件造型模块"
(
    rollout bout"关于本模块"
```

```
    (
    on aboutMK pressed do
    (
    messagebox"工程装备典型零件造型模块\n\n 版本:1.0\n\n
        …… "title:"关于本模块"
    )--end button"about"
    )
  rollout zhou"轴"
    (
  ……
    )
  rollout dang"挡圈"
    (
  ……
    )
  rollout chil"齿轮"
    (
  ……
    )
  ……
  on LJMK open do
    (
    addrollout bout rolledup:true
    addrollout zhou rolledup:true
    addrollout dang rolledup:true
    addrollout chil rolledup:true
    ……
    )
  )
```

　　运行后得到如图 10-6 所示的模块界面。该界面是一种卷展栏形式，可以方便地打开和关闭。

　　单击展开卷展栏后，再单击其中的按钮可以分别进入各零件造型子模块。单击"关于本模块"按钮，会弹出到浮动消息框，可以获得本模块的基本信息，如图 10-7 所示。创建按钮函数语句如下。

```
button aboutMK "说明" width:90 height:20
    on aboutMK pressed do
```

```
(
messagebox"工程装备常用典型零件造型模块\n\n 版本:1.0\n\n
    …… "title:"关于本模块"
)--end button"about"
```

图 10-6 模块主界面卷展栏

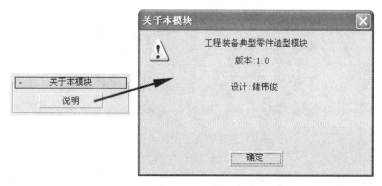

图 10-7 展开卷展栏及弹出消息框

该模块中创建轴的子模块界面如图 10-8 所示。其中对象的创建属性（如长、高圆、弧半径等）和它们的变换属性（如位移、旋转、缩放）以及通用属性（如名称）等修改较多。

例如，位置的改变：

mybox. pos= [-100, 10, 20]

而在场景中移动对象，其语法为：

move 对象名称 [<x，y，z>]

其中，x，y，z 是各轴向移动的距离，而不是对象的位置。

缩放尺寸通过修改对象的 "scale" 属性来改变：

mybox. scale = [2, 2.5, 3]

在 MAXScript 中有 3 种旋转对象的方式：Euler Angles（欧拉角）、Quaternions（四元素）、Angleaxis（角轴）。其中，Euler Angles 方式的语法为：

rot_obj = eulerangles x y z

其中，rot_obj 是旋转变量，x，y，z 是各轴向上的旋转角度。

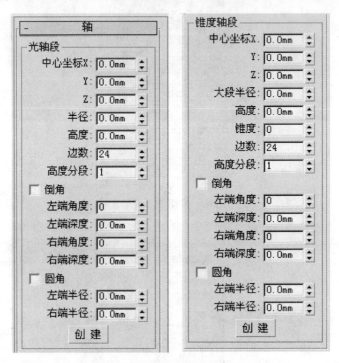

图 10-8　创建轴的子模块界面（部分）

MAXScript 用 type：<#name>来定义参数的类型。常见类型有：#float，#integer，# index，# color，# point3，# boolean，# angle，# percent，# worldUnits，#maxtrix3，#string，filename，#colorChannel，#time，#radiobtnIndex，#material，#texturemap，#bitmap，#node，#maxObject，或者与以上类型相对应的数组类型，如#floatTab，#intTab 等。

10.2.2.3　模块造型功能实现

模块一级界面有主要由各常用件卷展栏组成，结构清晰，点击可以展开进入下一级界面，输入相应参数进行设置创建各种常用件模型。

例如，创建轴段的界面如图 10-8 所示。轴的层次式形状特征和材质特征如表 10-1 所示，根据形状特征创建各段轴，然后对各轴段利用拼合法建立整轴模型。

表 10-1 工程装备快速造型模块中轴段的几何特征和材质特征

特征	轴 段	主特征	辅特征
几何特征	光轴段	直径、长度	圆角、倒角
	锥度轴段	大段直径、长度、锥度	圆角、倒角
	键槽轴段	直径、轴段长度、键长、键段距轴段距离	圆角、倒角、键宽
	螺纹轴段	大径、轴段长度、螺纹长度、旋向	圆角、倒角、螺距
	齿轮轴段	模数、齿数、压力角、宽度、变位系数、螺旋角	倒角
	方轴段	直径、轴段长度、方轴宽度、方轴长度	圆角、倒角
	花键轴段	轴段长度、花键大径、花键小径、花键齿形、花键齿数…	圆角、倒角
材质特征	碳素钢、不锈钢、灰铸铁、亮铜、金黄、塑料、玻璃…		

生成模型后，通过色彩以及色彩在光照环境下的明暗变化可以更加逼真的显示一个三维零件模型。模型表面的色彩和明暗变化主要与两个因素有关，即光源特性和对象表面材质等特性。光的色彩一般用红、绿、蓝三种色光的组合来描述。三种色光按不同比例合成便形成光的不同色相。表面材质的设置非常重要，利用本模块中给定的常用材质，可以方便地选择，在按下赋予材质按钮后，被选对象将获得所选材质。程序实现如下。

```
on btn107 碳钢 pressed do
  (
  meditMaterials[2].ShaderType = 1      --设定材质类型
  ……
  meditMaterials[2].ambient = color 0 0 0   --设置环境色
  meditMaterials[2].Diffuse = color 112 112 112    --设置过渡色
  meditMaterials[2].specularLevel = 141
  meditMaterials[2].glossiness = 26
  ……
  meditMaterials[2].name = "碳钢"
  on pick button picked obj do
  (
  pickobject().material = meditMaterials[碳钢]
  )--其他材质略
  )
```

创建的轴模型渲染图如图 10-9 所示。

图 10-9 创建的轴模型（渲染图）

该模块建立了工程装备常用的基本体素模型库，使用中直接调用作为初始的简单模型，为后续创建复杂模型提供便利。例如方孔基本体的建立的程序实现如下。运行后的截面和方孔模型如图 10-10 所示，并可以对它的参数进行调整改变尺寸以满足实际需要。

```
plugin simpleObject squareTube
name:"方孔"
classID:#(63445,55332)
category:"方孔基本体零件"
(
local box1,box2
parameters main rollout:params
(
length type:#worldUnits ui:length default:1E-3
width type:#worldUnits ui:width default:1E-3
height type:#worldUnits ui:height default:1E-3
)
rollout params "SquareTube"
(
spinner height "Height" type:#worldUnits range:[1E-3,1E9,1E-3]
spinner width "Width" type:#worldUnits range:[1E-3,1E9,1E-3]
spinner length "Length" type:#worldUnits range:[-1E9,1E9,1E-3]
)
on buildMesh do
(
if box1 == undefined then
(box1 = createInstance box;box2 = createInstance box)
box1.height = height;box2.height = height
box1.width = width;box2.width = width * 2
box1.length = length;box2.length = length * 2
```

```
mesh = box2. mesh - box1. mesh
)
tool create
(
on mousePoint click do
case click of
(
1：nodeTM. translation = gridPoint
3：#stop
)
on mouseMove click do
case click of
(
2：(width = abs gridDist. x；length = abs gridDist. y)
3：height = gridDist. z
)
)
)
```

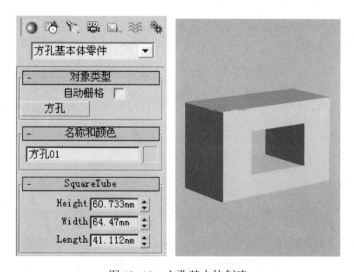

图 10-10　方孔基本体创建

第 11 章　模型的材质、贴图及渲染

11.1　材质

材质是材料和质感的结合，体现模型表面的色彩、光泽和纹理。所以材质是指建模对象的表面视觉信息，包括颜色、反光度、亮度、透明度、光滑度、折射率及发光等。三维软件中的材质都是虚拟的，是对物体视觉效果的真实模拟。材质的最终渲染效果与模型表面的材质特性、模型周围的光照以及模型周边环境有密切关系。同一模型被设置为不同材质，其表现的质地完全不同。3ds Max 支持 3 种材质类型，包括通用、扫描线以及 V-Ray 材质。

11.1.1　材质编辑器

材质编辑操作实际上依赖于材质编辑器工具，包括材质的建立、编辑和组合，并将材质赋予模型等。然而材质的制作是一个相对复杂的过程，不仅要了解模型本身的物质属性，还要了解它的受光特性，这就要求制作者有敏锐的观察力。

材质编辑器有精简材质编辑器和 Slate 材质编辑器（平板材质编辑器）两类。Slate 材质编辑器使用节点、连线和列表的方式显示材质结构，使创建复杂材质结构变得更为简便。

精简材质编辑器如图 11-1 所示，主要包括四大部分：材质样本窗、工具按钮栏、样本窗口控制工具栏和参数控制区。

样本窗用于显示材质的调节效果。调节参数时，其效果会立刻反映到样本窗中的示例球上，以便观看材质的效果。样本窗默认有 6 个灰色的示例球，它还隐含了 18 个示例球，可以通过设置对示例球的数量进行选择。在样本窗中，当一个材质指定给了场景中的一个模型后，它便成了同步材质，特征是示例球 4 角有三角形的标志，对同步材质进行编辑操作时，场景中的模型也会随之发生变化，不需要进行重新指定。场景中的模型被选择后，标志就变为实体三角形。如果模型不被选择，标志就是一个镂空的三角形。

围绕样本窗的纵横两排的工具按钮组是用来进行各种材质的控制的。水平工具按钮栏用来为材质指定保存和层级跳跃，垂直样本窗口控制工具栏针对的是样本窗中的显示。

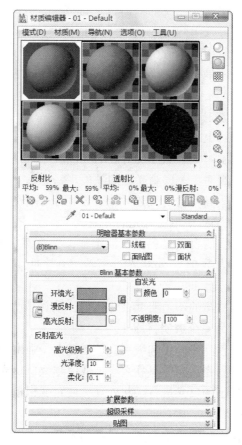

图 11-1　材质编辑器

参数控制区在材质编辑器的下部，根据材质类型的不同以及贴图类型的不同，其内容也不同，比较常用的有明暗器基本参数、Blinn 基本参数和贴图参数。

（1）明暗器基本参数主要有：

1）明暗方式区域：特殊指定"各向异性、Blinn、金属、多层、Oren-Nayar-Blinn、Phong、Strauss、半透明明暗器"8 种不同的材质渲染属性，由它们确定材质的基本性质。其中 Blinn、金属和 Phong 是最常用的材质渲染属性。

①各向异性：能产生长条形的反光区，适合模拟流线体的表面高光，可以表现毛发、玻璃以及被擦拭过的金属等材质。

②Blinn：以光滑的方式进行表面渲染，易表现冷色坚硬的材质。

③金属：专用于金属材质的制作，可以提供金属的强烈反光效果。

④Phong：以光滑的方式进行表面渲染，易表现暖色柔和的材质。

2）线框：以线框模式来渲染对象，它只能表现出对象的线架结构。

3）双面：将与对象法线相反的一面也进行渲染。有些敞开面的模型，需要看到其内壁的材质效果，这时就必须设置为双面。

4）面贴图：将材质指定给造型的所有面。

5）面状：就像表面是平面一样，渲染表面的每一面，可以制作带有明显棱边的表面。

（2）Blinn 基本参数主要有：

1）环境光：控制对象表面阴影区的颜色。

2）漫反射色：控制对象表面漫反射区的颜色。

3）高光反射：控制对象表面高光区的颜色。

4）自发光：使材质具备自身发光效果，常用来制作灯泡等光源对象。设置自发光效果后，对象在场景中不受灯光的影响。

5）颜色：选择材质的自发光色。取消选择，材质使用其漫反射色作为自发光色，此时色块就变为数值输入状态，值为"0"时，材质无自发光，值为"100"时，材质有自发光。

6）不透明：设置材质的不透明度百分比值，默认值为"100"，即不透明材质，值为"0"时，则为完全透明材质。

7）高光级别：设置高光的影响级别，数值越大，强度越高。

8）光泽度：设置高光影响的尺寸大小，数值越大，反光区域越小。

9）柔化：对高光区的反光进行柔化处理，使它变得模糊、柔和。

（3）贴图参数主要有：

1）贴图通道：在不同通道中添加程序贴图来产生不同的贴图效果。

①环境光颜色：是处于阴影中的对象的颜色。

②漫反射颜色：主要用于表现材质的纹理效果。当它设置为"100%"时，会完全覆盖漫反射色的颜色。

③高光颜色：在模型的高光处显示出贴图效果。

④光泽度：在模型的反光处显示出贴图效果，贴图的颜色会影响反光的强度。

⑤自发光：将贴图以一种自发光的形式贴在模型表面，图像中纯黑的区域不会对材质产生任何影响，非纯黑的区域将会根据自身的颜色产生发光效果，发光的地方不受灯光以及投影影响。

⑥不透明度：利用图像明暗度在模型表面产生透明效果，纯黑色的区域完全透明，纯白色的区域完全不透明。

⑦凹凸：通过图像的明暗强度来影响材质表面的光滑程度，从而产生凹凸的表面效果。白色图像产生凸起效果，黑色图像产生凹陷效果，中间色产生过渡效果。

⑧反射：通过图像来表现出模型反射的图案。该值越大，反射效果越强烈。它与漫反射颜色贴图方式相配合，会得到比较真实的效果。

⑨折射：折射贴图方式模拟空气和水等介质的折射效果，在模型表面产生对周围景物的折射效果。与反射贴图不同的是它表现出一种穿透效果。

⑩置换：置换贴图可以使曲面的几何体产生置换。它的效果与使用置换修改器类似。与凹凸贴图不同，置换贴图实际上更改了曲面的几何体或面片细分。位移贴图应用贴图的灰度来生成位移。在 2D 图像中，较亮的颜色比较暗的颜色更多的向外突出，导致几何体的 3D 置换。

2）贴图类型：选择不同的贴图。

3）数量：控制贴图的影响程度，通常最大值为 100，凹凸、置换等贴图最大值可设置为 999。

11.1.2　常用材质类型

3ds Max 提供了 10 多种材质类型，根据用法可分为 3 大类：

（1）单层级材质：只具备一个材质层级，包括标准和光线跟踪材质。

（2）多层级材质：将各种贴图和材质混合在一起，包括双面材质、多维/子对象材质等。

（3）无光/投影材质：即 Matte/shadow 材质。这是一种比较特殊的材质，可以使三维实景在平面图像背景上投下真实的阴影。

11.1.2.1　无光/投影材质

无光/投影材质使对象成为一种渲染时无法看到的不可见对象，但它会对场景中的物体起到遮挡作用，表现出投影和接受投影的效果，并且不会对环境背景进行遮挡。效果如图 11-2 所示，左图是驾驶室赋予无光/投影材质之前的效果，右图是对驾驶室赋予了无光/投影材质后渲染的效果。

图 11-2　无光/投影材质效果比较

无光/投影材质基本参数如图11-3所示。注意：无光/投影效果仅当渲染场景之后才可见。在视口中不可见。

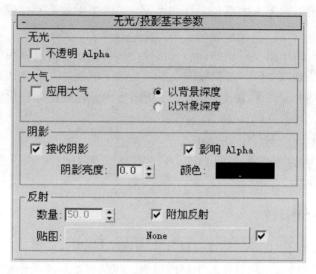

图11-3　无光/投影材质基本参数

（1）接受阴影：不可见对象表面将会把来自其他对象的投影渲染出来。

（2）阴影亮度：确定投影在背景图像上的亮度。

11.1.2.2　多维/子对象材质

将多个材质组合成为一种复合式材质，分别指定给一个对象的不同子对象选择级别。例如，发动机机体局部剖视模型赋予多维/子对象材质后渲染的效果如图11-4所示，其多维/子对象材质基本参数如图11-5所示。

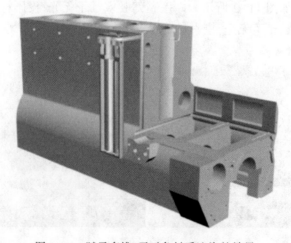

图11-4　赋予多维/子对象材质渲染的效果

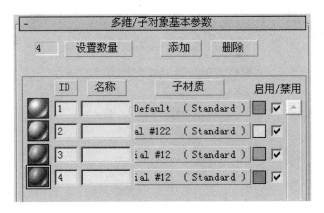

图 11-5　多维/子对象材质基本参数

11.1.2.3　混合材质

将两种材质通过一定百分比进行混合，显示在单个面上，如图 11-6 所示。

图 11-6　混合材质

其基本参数如图 11-7 所示。

（1）遮罩：指定用作遮罩的贴图。两个材质之间的混合度取决于遮罩贴图的强度。遮罩的明亮（较白的）区域显示的主要为"材质 1"，而遮罩的黑暗（较黑的）区域显示的主要为"材质 2"。使用复选框来启用或禁用遮罩贴图。

（2）混合量：确定混合的比例（百分比）。0 表示只有"材质 1"在曲面上可见；100 表示只有"材质 2"可见。如果已指定遮罩贴图，并且已选中遮罩的复选框，则不可用。可以为混合量参数设置动画。

11.1.2.4　双面材质

可以给模型的正面和背面赋予不同的材质，并可控制其透明度，如图 11-8 所示。其基本参数如图 11-9 所示。

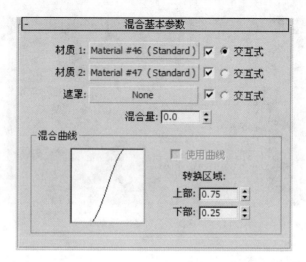

图 11-7 混合材质基本参数

图 11-8 双面材质

图 11-9 双面材质基本参数

在"半透明:"中设置一个材质通过其他材质显示的数量。这是范围从 0 到 100 的百分比。设置为 100% 时,可以在内部面上显示外部材质,也可在外部面上显示内部材质。设置为中间的值时,内部材质指定的百分比将下降,并显示在外部面上。

11.1.2.5 合成材质

合成材质最多可以合成 10 种材质。从上到下叠加材质。使用相加不透明度、相减不透明度来组合材质,或使用数量值来混合材质,如图 11-10 所示为合成的生锈金属。

其基本参数如图 11-11 所示。

(1)基础材质:默认情况下,基础材质就是标准材质。其他材质是按照从上到下的顺序,通过叠加在此材质上合成的。

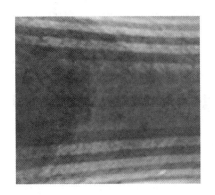

图 11-10 合成材质

图 11-11 合成材质基本参数

（2）A 相加不透明度：材质中的颜色基于其不透明度进行相加作为最终材质。

（3）S 相减不透明度：材质中的颜色基于其不透明度进行相减作为最终材质。

（4）M 数量值混合：颜色和不透明度将按照使用无遮罩混合材质时的样式进行混合。

（5）数量：控制混合的数量。默认设置为 100.0。对于相加的 A 和相减的 S 合成，数量值的范围从 0 至 200。数量为 0 时，不进行合成，并且下面的材质不可见。如果数量为 100，将完成合成。如果数量大于 100，则合成将"超载"：材质的透明部分将变得更不透明，直至下面的材质不再可见。对于混合 M 合成，数量范围从 0 到 100。当数量为 0 时，不进行合成，下面的材质将不可见。当数量为 100 时，将完成合成，并且只有下面的材质可见。

11.2 贴图

贴图是对材质的一种补充和完善。贴图提供图像、图案、颜色调整以及其他效果，可以将其应用于材质外观的真实感表现，使材质本身的纹理、反射、折射及其他无法表现的效果很好地模拟出来。如果不使用贴图，就像骨架没有了皮肤。因此，在大多数情况下，模型需要材质和贴图的相互配合，才能完美表现其外观质感特征。

贴图方式有多种，同一个建模对象可以有一种贴图方式，也可以指定多种贴图方式，以达到所需的特殊效果。

11.2.1 UVW 贴图坐标

每一个贴图都拥有一个空间方位。将带有贴图的材质应用于对象时，此对象必须拥有贴图坐标。此贴图坐标是以 UVW 轴表示的局部坐标。多数对象都拥有"生成贴图坐标"切换。启用此选项可提供默认贴图坐标。如果对象有此切换功能，在进行场景渲染时，将自动启用此默认贴图坐标，或者使用在视口中显示贴图。

某些对象（如可编辑的网格）没有自动贴图坐标。对于此对象类型，使用 UVW 贴图修改器为其指定一个坐标。如果指定一个使用贴图通道的贴图，而没有对对象应用"UVW 贴图"修改器，此时，渲染器显示一个警告，其中列出需要使用贴图坐标的对象。也可以使用"UVW 贴图"来更改对象的默认贴图。在几个不同的对象上应用同一种材质时，必须根据不同对象形态进行坐标系统调整；这时就应当采用 UVW 贴图坐标系统。UVW 贴图坐标是常用的一种对象贴图坐标指定方式，它之所以不用 x、y、z 坐标系统来指定，是因为贴图的坐标方式是一个相对独立的坐标系统。它相比对象的 x、y、z 坐标系统，还可以平移和旋转。如果将 U、V、W 坐标系平行于 x、y、z 坐标系统，这时再来观察一个二维贴图图像，就会发现 U 相当于 x，代表贴图的水平方向。V 相当于 y，代表贴图的垂直方向。W 相当于 z，代表垂直于贴图平面的纵深方向。

一般只使用 U、V 坐标来设定贴图，除非需要翻滚图像。如果对象自身的贴图坐标系统与 UVW 贴图坐标系统产生冲突时，系统优先采用 UVW 贴图方式。

如图 11-12 所示，为长方体施加 UVW 贴图坐标。选择贴图类型为"长方体"。在修改器堆栈窗口中子对象层级选择 Gizmo 选项。Gizmo 套框的位置实际上就代表了贴图的位置。Gizmo 套框的变化就引起了贴图位置的变化。

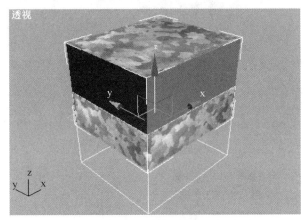

图 11-12　移动 Gizmo 套框效果

也可控制沿坐标轴旋转 Gizmo 套框，长方体贴图将产生相应的变化，如图 11-13所示。

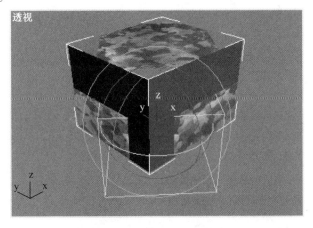

图 11-13　旋转 Gizmo 套框效果

也可对 Gizmo 套框进行缩放操作，长方体贴图的变化如图 11-14 所示。

11. 2. 2　常用贴图类型

3ds Max 提供了几十种贴图类型，按其功能的不同共分为 5 大类，如图11-15所示。

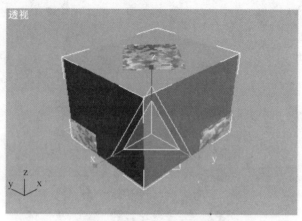

图 11-14 缩放 Gizmo 套框效果

图 11-15 贴图类型

（1）二维贴图：在二维平面上进行贴图，常用于环境背景和图案商标，其中最重要的是位图类型。最简单的 2D 贴图是位图；其他种类的 2D 贴图由程序生成。

（2）三维贴图：属于程序类贴图，它们依靠程序参数产生图案效果。

（3）合成贴图：提供混合方式，将不同的颜色和贴图进行混合处理。

（4）颜色变动：更改材质表面像素的颜色。

（5）其他：用于建立反射和折射效果的贴图。

11.2.2.1 位图 2D 贴图

位图属于二维贴图，用一张位图图像作为贴图，这是最常用的贴图类型，支持多种位图格式。位图是由彩色像素的固定矩阵生成的图像，如马赛克。位图可以用来创建多种材质，也可以使用动画或视频文件替代位图来创建动画材质。

11.2.2.2 棋盘格

它属于二维贴图的一种，将两种颜色或图案以间隔混合的方法在同一对象上显现，产生双色棋盘图案效果。常用于产生一些格状、地板块等纹理。棋盘格贴图是 2D 程序贴图，使用默认的黑白方块图案。组件棋盘格既可以是颜色，也可以是贴图。

11.2.2.3 凹痕

凹痕是 3D 程序贴图。扫描线渲染过程中，"凹痕"根据分形噪波产生随机图案。图案的效果取决于贴图类型。产生随机的纹理，使其看上去有一种风化和腐蚀的效果，它常用于凹凸贴图，效果如图 11-16 所示。凹痕参数参见图 11-17 所示。

图 11-16 凹痕效果

凹痕参数参见图 11-17 所示。

（1）大小：设置四痕的尺寸大小。值越大，凹痕越大，数目就越少。该值很小时可以产生沙粒效果。默认值为"200"。减小"大小"将创建间距相当均匀的微小凹痕。效果与"沙覆盖"的表面相似。增加"大小"在表面上创建明显的凹坑和沟壑。效果有些时候呈现"坚硬的火山岩"容貌。

（2）强度：设置凹痕的数量，值越低，凹痕越疏散。值为"0"时，为光滑表面，默认值为"20"。

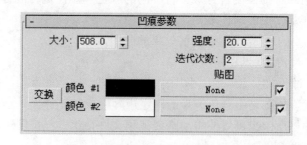

图 11-17   凹痕参数

（3）迭代次数：设置凹痕的重复次数。值越大，凹痕越复杂，默认值为"2"。凹痕基于分形噪波方程式。在渲染过程中，凹痕表面经过一次或多次计算来产生最终效果。每次计算过程称为一次迭代。计算表面时，每次迭代添加最终表面凹痕的数量、复杂性以及随机性（凹痕变得凹陷）。"凹痕"纹理需要大量的计算，尤其迭代次数较高时。这样将减少很多渲染时间。

11.2.2.4 衰减

产生由明到暗的衰减影响，常用于不透明贴图、自发光贴图等，产生透明衰减效果。在衰减贴图中，有衰减参数和混合曲线两个卷展栏比较常用。

A 衰减参数

衰减参数卷展栏如图 11-18 所示。

（1）衰减类型：有 5 种可选择的衰减类型。

1）垂直/平行：基于表面法线 90°角的衰减方式。

2）朝向/背离：基于表面法线 180°角的衰减方式。

3）Fresnel：模拟灯塔上的合成透镜效果。

4）阴影/灯光：利用落在物体上的光线强度来调整衰减。

5）距离混合：基于近距离和远距离的值，在两者之间进行衰减。

（2）衰减方向：选择衰减的方向，综合起来有 5 大类可选项。

1）观看方向（摄像机 z 轴）：以当前视图的观看方向作为衰减方向，对象自射角度的改变不会影响衰减方向。

2）摄像机 X/Y 轴：以相机的 X/X 轴作为衰减方向。

3）对象：通过拾取一个对象，以这个对象的方向确定衰减方向。

4）局部 X/Y/Z 轴：当以选择的对象方向作为衰减方向时，使用其中的一种来确定具体的轴向。

5）世界 X/Y/Z 轴：设置衰减轴向到世界坐标系的某一轴向上，对象方向的改变不会对其产生影响。

图 11-18 衰减参数卷展栏

B 模式特定参数

只有将衰减方向设置为对象后才可以应用和提供第一个参数。

（1）对象：从场景中拾取对象并将其名称放到按钮上。

（2）Fresnel 参数："覆盖材质 IOR"允许更改为材质所设置的"折射率"。
"折射率"设置一个新的"折射率"。只有在启用"覆盖材质 IOR"后该选项才
可用。

（3）距离混合参数："近端距离"设置混合效果开始的距离。"远端距离"
设置混合效果结束的距离。"外推"：启用此选项之后，效果继续超出"近端"
和"远端"距离。

11.2.2.5 渐变

产生双色或 3 个贴图的渐变过渡效果。渐变用于将颜色相互混合。指定所需
的颜色，中间值将自动插值。后视镜表面渐变过渡效果如图 11-19 所示。

渐变参数如图 11-20 所示。

（1）颜色#1/颜色#2/颜色#3：分别设置 3 个渐变区域，可以设置颜色及贴图。

（2）颜色 #2 位置：设置中间色的位置。值为"1"时，颜色#2 代替颜色#1。
值为"0"时，颜色#2 代替颜色#3。默认值为"0.5"。

（3）渐变类型：分为线性和径向两种。线性渐变会沿着一条线从一种颜色
到另一种颜色进行明暗处理。径向渐变在内部为一种颜色，而在外部为另一种颜
色，它在一个圆形图案中进行渲染。

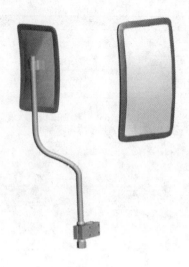

图 11-19 后视镜表面效果

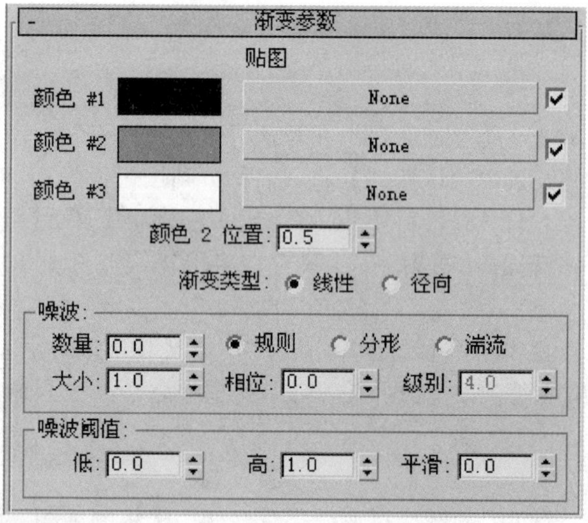

图 11-20 渐变参数

（4）噪波组-数量：当该值为非零时（范围为 0 到 1），应用噪波效果。它使用 3D 噪波函数，并基于 U、V 和相位来影响颜色插值参数。例如，给定像素在第一个颜色和第二个颜色的中间（插值参数为 0.5）。如果添加噪波，插值参数将会扰动一定的数量，它可能变成小于或大于 0.5。"规则"生成普通噪波。这类似于"级别"设置为 1 的"分形"噪波。噪波类型设置为"规则"时，会禁用"级别"微调器（因为"规则"不是分形函数）。"分形"使用分形算法生成噪波。"湍流"生成应用绝对值函数来制作故障线条的分形噪波。要查看湍流效果，噪波量必须大于 0，如图 11-21 所示。

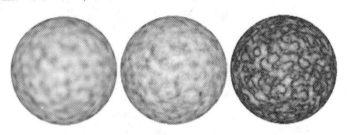

图 11-21 规则、分形、湍流

（5）噪波组-大小：缩放噪波功能。此值越小，噪波碎片也就越小。

（6）噪波组-相位：控制噪波函数的动画速度。3D 噪波函数用于噪波。前两个参数是 U 和 V，第三个参数是相位。

（7）噪波组-级别：设置湍流（作为一个连续函数）的分形迭代次数。

（8）噪波阈值：如果噪波值高于"低"阈值并低于"高"阈值，动态范围会拉伸到填满 0 到 1。这样，阈值过渡时的中断会更小，潜在的锯齿也会变得更少。"低"设置低阈值；"高"设置高阈值；"平滑"用以生成从阈值到噪波值较为平滑的变换。当平滑为 0 时，没有应用平滑。当为 1 时，应用最大数量的平滑。

11.2.2.6 混合

将两种贴图混合在一起，通过混合数量值可以调节混合的程度。以此作为动画，可以产生贴图变形效果。其参数参见图 11-22 所示。

（1）交换：交换两种颜色或贴图。

（2）颜色#1/颜色#2：分别设置两个颜色或贴图进行混合。贴图中的黑色区域显示颜色 #1，而白色区域显示颜色 #2。灰度值表示中度混合。

（3）混合量：控制两个贴图混合的比例。值为"0"时，颜色#1 完全显现。值为"100"时，颜色#2 完全显现。也可以使用贴图而不是混合值。两种颜色会根据贴图的强度以大一些或小一些的程度混合。

（4）使用曲线：确定"混合曲线"是否对混合产生影响。

（5）转换区域：调整上限和下限的级别。如果两个值相等，两个材质会在一个明确的边上相接。加宽的范围提供更渐变的混合。

11.2.2.7 噪波

通过两种颜色的随机混合，产生一种噪波效果。常与凹凸贴图区域配合，用于无序贴图效果的制作。其控制参数参见图 11-23 所示。

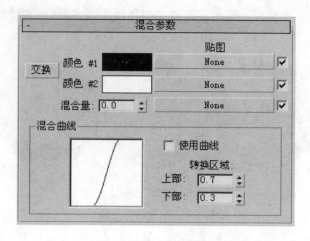

图 11-22 混合参数栏

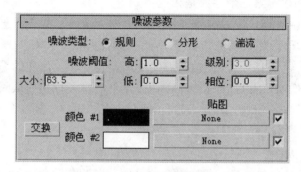

图 11-23 噪波参数栏

（1）噪波类型：分为规则、分形、湍流 3 种噪波类型。

（2）噪波阈值：通过高/低值来控制两种噪波的颜色限制。

（3）大小：控制噪波的大小。

（4）级别：控制分形运算时迭代运算的次数，值越大，噪波越复杂。

（5）相位：控制噪波函数的动画速度。使用此选项可以设置噪波函数的动画。默认设置为 0。

（6）颜色#1/颜色#2：分别设置噪波的两种颜色，也可以为其指定两个贴图。排气管表面赋予噪波贴图效果如图 11-24 所示。

11.2.2.8 反射/折射

反射/折射贴图生成反射或折射表面。表面反射和折射是由对象轴心点处向 6 个方向拍摄 6 张周围景观的照片，然后将它们以球形贴图方式贴在物体表面，这比光线跟踪方式运算速度要快得多。将它指定给反射贴图区域时，产生曲面反射效

图 11-24　排气管表面噪波效果

果、将它指定给折射贴图区域时，就产生折射效果。其参数如图 11-25 所示。

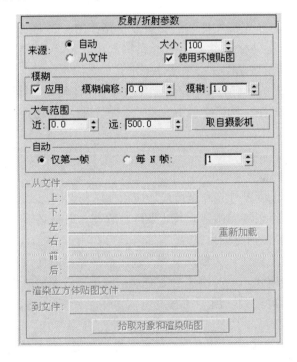

图 11-25　反射/折射参数栏

（1）自动：由系统自动生成 6 个贴图进行反射贴图。

（2）从文件：启用后，允许用户自己指定使用的位图。

（3）大小：设置反射/折射贴图的大小。默认值 100 会生成清晰图像；较低的值会逐渐损失更多细节，反射/折射贴图越模糊。

（4）模糊偏移：影响贴图的清晰度和模糊度，而与其与对象的距离无关。当要柔和或散焦贴图中的细节以实现模糊图像的效果时，可使用模糊偏移。

（5）模糊：根据生成的贴图与对象的距离，影响贴图的锐度或模糊程度。贴图距离越远，模糊就越大。模糊主要是用于消除锯齿。对于所有贴图使用少量模糊设置，以避免在一定距离像素细节减少时出现闪烁或锯齿，这不失为一种好方法。默认设置为 1。

（6）近：设置雾的近范围。

（7）远：设置雾的远范围。

（8）取自摄影机：在场景中使用摄影机的"近"和"远"大气范围设置。这些值不会动态链接到摄影机对象。仅在单击摄影机时，才从摄影机的范围值复制它们。如果以后摄影机的范围值发生变化，贴图的"近"和"远"值不变。

（9）上/下/左/右/前/后：当启用"从文件"作为反射/折射源时，这些控件才处于活动状态。已指定这 6 个位图作为立方体贴图。指定 6 个立方体贴图之一。如果该贴图是具有正确文件名的一组 6 个贴图之一，将加载全部 6 个贴图。如果该贴图不符合文件命名约定，或者您将其指定给不同位置的按钮（例如，_UP至前），则仅指定该贴图。必须手动指定其他贴图。

（10）重新加载：重新加载指定的贴图并更新示例窗。可使用绘图程序编辑一个或多个立方体贴图，然后"重新加载"以更新材质和场景。

11.3 渲染

在场景中建模、设置灯光和摄像机、应用材质与贴图以及设置好置动画关键帧，无论制作的是静态画面还是动画效果最后渲染输出是必不可少的。

3ds Max 提供了多种渲染模式。

（1）产品级渲染模式：为默认设置，输出最终作品时使用该模式。

（2）迭代渲染模式：一种快速渲染模式，可在已有图像时进行更新。

（3）ActiveShade 模式：用于动态着色窗口中使用的渲染器，常选用默认扫描线渲染器。

（4）A360 云渲染模式：使用云渲染模式进行渲染。

（5）提交到网络渲染：将当前场景提交到网络渲染。

11.3.1 渲染器

3ds Max 提供了许多渲染器。每个渲染器支持一组特定材质，并具有其自身的优点。最好使用特定渲染器设计材质。主要选择是否希望渲染效果在物理上达到精确的程度。

（1）默认扫描线渲染器：默认扫描线渲染器是一种多功能渲染器，可以将场景渲染为从上到下生成的一系列扫描线。它是随 3ds Max 一同提供的产品级渲染器，而不是在视口中使用的交互式渲染器。产品级渲染器生成的图像显示在渲染帧窗口，该窗口是一个拥有其自己的控件的独立窗口。

（2）Autodesk Rendering：使用 Autodesk Cloud 渲染场景。

（3）ART 渲染器：Autodesk Raytracer（ART）渲染器是一种仅使用 CPU 并且基于物理方式的快速渲染器，适用于建筑、产品和工业设计渲染与动画。ART 的优势之一是 ActiveShade 中的快速、交互式工作流。可以快速操纵灯光、材质和对象以查看结果逐步优化，查看结果在 ActiveShade 窗口中逐步完善。

ART 还包含噪波过滤器，可平滑图像，或将过滤后的图像发送到渲染元素供后期处理，更好地控制渲染时间，并提高渲染图像的质量。

（4）VUE 文件渲染器：一种适合于景观的专业渲染器。使用"VUE 文件渲染器"可以创建 VUE（.vue）文件。VUE 文件使用可编辑 ASCII 格式。

（5）Arnold：一种支持即时渲染的新型渲染器，节省内存，渲染质量提高。

11.3.2 渲染设置参数

渲染公用参数如图 11-26 所示。

主要参数功能：

（1）单帧：只渲染一帧图像，也就是目前时间滑块所处位置帧的输出帧；

（2）活动时间：对设置了动画的时间范围，全部渲染输出；

（3）范围：用来设定输出的时间段；

（4）帧：用户指定输出的帧数，单帧用"，"分隔，范围帧用"—"连接起始帧和结束帧；

（5）每 N 帧：用来一次可以渲染几帧；

（6）光圈宽度：系统默认为 36 光圈；

（7）宽度：如果在类型下拉列表框中选中自定义，则宽度代表输出影像的宽度；

（8）长度：如果在类型下拉列表框中选中自定义，则长度代表输出影像的长度；

（9）图像纵横比：用来设定输出影像的长宽比例。前面的小锁头被按下时，代表影像的长宽比例被锁定；

（10）像素纵横比：代表长宽两个方向上的像素比例值，前面的小锁头被按下时，代表影像的长宽比例被锁定；

（11）视频颜色检查：各种输出的影片有一定的颜色规格，比如选中这个复选框，渲染时系统会自动检查影片中的颜色是否都符合规格，并对不符合规格的颜色进行调整；

（12）大气：设置了大气效果，那么系统会自动渲染，并加入输出影像中去；

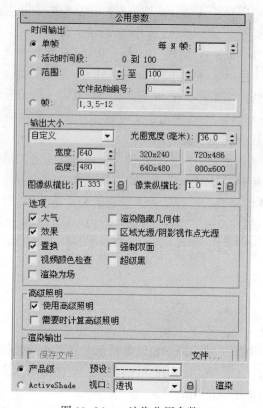

图 11-26　渲染公用参数

（13）超级黑：被渲染后的黑色程度有一定的限制，便于后期合成；

（14）强制双面：选中此复选框，使得对象的材质强制以双面渲染，通常在对象的表面法向量不正确时，可以用它来弥补；

（15）效果：此功能项能使运动模糊等特效被直接渲染输出；

（16）置换：渲染贴图动画的物体；

（17）渲染为场景：渲染场景与渲染帧有所不同；

（18）渲染输出：将渲染输出文件保存到指定目录，同时设定渲染文件的格式，如 AVI、BMP、GIF、JPGE、Autodesk Flic Image、TIF 等。

11.3.3　渲染类型

渲染包括如下类型。

（1）视图：初始值，渲染场景中全部对象。

（2）选择对象：只渲染选中的对象。

（3）区域：渲染当前视图中的某一部分，利用此功能可观看小区域的渲染效果。点击快速渲染就会出现选择区域线框进行选择，如图 11-27 所示，调整好区域按确定即开始渲染。其渲染结果是选定的区域进行渲染，区域外的则为黑色，整个图像大小不变，参见图 11-28 所示。

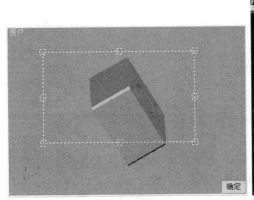

图 11-27　选择渲染区域

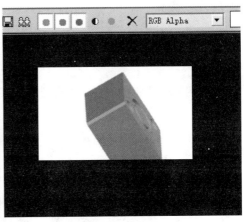

图 11-28　区域渲染

（4）裁剪：渲染当前视图中裁剪的某一部分。其渲染结果是只渲染选定的区域，区域外不渲染，整个图像大小变化为裁剪的大小，参见图 11-29 所示。

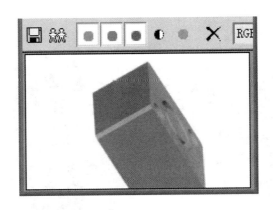

图 11-29　裁剪渲染

（5）放大：渲染场景中选定的部分，并输出渲染后整个场景尺寸。

（6）选定对象边界框：计算当前选择的边界框的纵横比，然后显示"渲染边界框/选定对象"对话框，从该对话框中可以指定渲染的宽度和高度，并且提供保持纵横比的选项。

（7）选定对象区域：当选定一个或多个选定对象时，渲染在选择边界框内的对象，但不能更改边界框外的渲染。

（8）裁剪选定对象：当选定一个或多个选定对象时，将渲染选择边界框内的对象。在由边界框定义的区域周围裁剪渲染。渲染边界框内的对象，包括选择前后的对象。

11.4 模型渲染输出实例

重构的一些工程装备3D模型渲染实例效果如图11-30~图11-37所示。

图11-30 某型底盘车

图11-31 某型车架

图 11-32　挖掘机驾驶室壳体

图 11-33　挖掘机驾驶室内零件渲染

图 11-34 挖掘机液压传动管路布置图

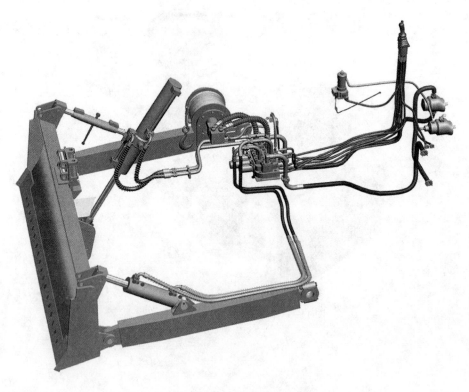

图 11-35 工装液压系统

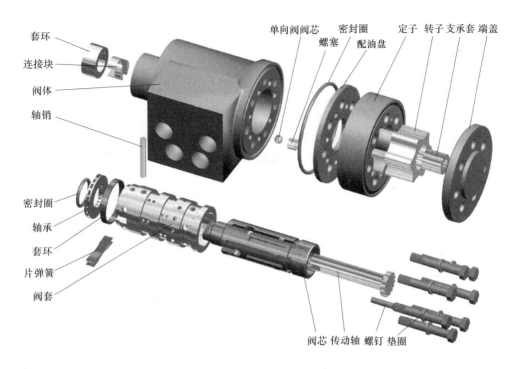

套环
连接块
阀体
轴销

单向阀阀芯　密封圈
螺塞　配油盘

定子　转子　支承套　端盖

密封圈
轴承
套环
片弹簧
阀套

阀芯　传动轴　螺钉　垫圈

图 11-36　转向器分解图

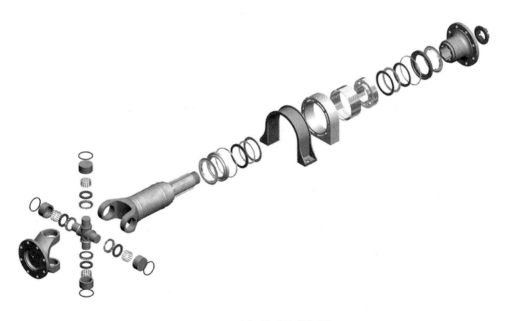

图 11-37　中间传动轴分解图

参 考 文 献

[1] 成思源，杨雪荣. Geomagic Design X 逆向设计技术［M］. 北京：清华大学出版社，2019.

[2] 李敏. 精密测量与逆向工程［M］. 北京：电子工业出版社，2020.

[3] 刘然慧. 3D 打印——Geomagic Design X 逆向建模设计实用教程［M］. 北京：化学工业出版社，2021.

[4] 杨晓雪. Geomagic Design X 三维建模案例教程［M］. 北京：机械工业出版社，2019.

[5] 成思源，杨雪荣. Geomagic Design Direct 逆向设计技术及应用［M］. 北京：清华大学出版社，2015.

[6] 张德海. 三维数字化建模与逆向工程［M］. 北京：北京大学出版社，2017.

[7] 徐静. 逆向建模与三维测量［M］. 北京：化学工业出版社，2020.

[8] 储伟俊. 工程机械 CAD 应用技术［M］. 北京：国防工业出版社，2008.

[9] 林雪芬. 三维场景建模［M］. 北京：中国水利水电出版社，2019.

[10] 骆驼在线课堂. 3ds Max 2020 实用教程［M］. 北京：中国水利水电出版社，2021.

[11] 布克科技，等. 3ds Max 2020 基础教程［M］. 北京：人民邮电出版社，2021.

[12] 罗戎. 曲面数据采集及预处理方法［J］. 现代制造工程，2004（10）：36-38.

[13] 刘世霞，胡事民，汪国平. 基于三视图的三维形体重建技术［J］. 计算机学报，2000（2）：141-146.

[14] 施法中. 计算机辅助几何设计与 NURBS 均匀有理 B 样条［M］. 北京：高等教育出版社，2001.

[15] 范少峰，高凯祁，雷毅. 三维造型系统中剖视的研究与实现［J］. 工程图学学报，2002（3）：38-43.

[16] 李震，李积德，王庆. 舰船三维运动视景仿真系统的设计［J］. 哈尔滨工程大学学报，2003（2）：9-13.

[17] 储伟俊. 三维建模中网格面技术的应用［J］. 机械设计与制造，2006（7）：69-70.

[18] 王华. 3ds MAXScript 脚本语言完全学习手册［M］. 北京：兵器工业出版社，2006.